第三版

跟我學
Illustrator
一定要會的美工繪圖技巧

跟我學 Illustrator 一定要會的美工繪圖技巧--第三版

作　　者：志凌資訊 劉緻儀
企劃編輯：江佳慧
文字編輯：江雅鈴
設計裝幀：張寶莉
發 行 人：廖文良

發 行 所：碁峰資訊股份有限公司
地　　址：台北市南港區三重路 66 號 7 樓之 6
電　　話：(02)2788-2408
傳　　真：(02)8192-4433
網　　站：www.gotop.com.tw
書　　號：ACU084900
版　　次：2023 年 06 月三版
建議售價：NT$520

國家圖書館出版品預行編目資料

跟我學 Illustrator 一定要會的美工繪圖技巧 / 劉緻儀著. -- 三版.
　-- 臺北市：碁峰資訊, 2023.06
　　面；　公分
　ISBN 978-626-324-526-6(平裝)
　1.CST：Illustrator(電腦程式)
312.49I38　　　　　　　　　　　　　112007530

讀者服務

● 感謝您購買碁峰圖書，如果您對本書的內容或表達上有不清楚的地方或其他建議，請至碁峰網站：「聯絡我們」\「圖書問題」留下您所購買之書籍及問題。(請註明購買書籍之書號及書名，以及問題頁數，以便能儘快為您處理)
http://www.gotop.com.tw

● 售後服務僅限書籍本身內容，若是軟、硬體問題，請您直接與軟體廠商聯絡。

● 若於購買書籍後發現有破損、缺頁、裝訂錯誤之問題，請直接將書寄回更換，並註明您的姓名、連絡電話及地址，將有專人與您連絡補寄商品。

Contents

➕ 認識數位影像　　**Chapter 1 ◀**

1-1 像素、影像尺寸與解析度.. 1-1

1-2 影像型態.. 1-5
　　1-2-1 點陣圖.. 1-5
　　1-2-2 向量圖.. 1-6
　　1-2-3 點陣圖與向量圖的搭配 1-7

1-3 認識色彩模式... 1-8
　　1-3-1 全彩模式.. 1-8
　　1-3-2 灰階模式.. 1-9
　　1-3-3 黑白模式.. 1-9
　　1-3-4 16色模式... 1-10
　　1-3-5 256色模式... 1-10
　　1-3-6 RGB模式.. 1-11
　　1-3-7 CMYK模式... 1-11

1-4 色域與溢色 1-12

1-5 常見的影像格式.. 1-15

➕ 設定工作區域　　**Chapter 2 ◀**

2-1 認識使用者介面... 2-1
　　2-1-1 工具面板.. 2-4
　　2-1-2 控制面板.. 2-7
　　2-1-3 面板與工作區 2-8

2-2 變更使用者介面亮度與畫布色彩.................................... 2-13
　　2-2-1 調整介面亮度... 2-13
　　2-2-2 調整畫布色彩... 2-14
　　2-2-3 以單獨視窗開啟文件 2-15

2-3 排列文件 2-16

2-4 螢幕檢視模式... 2-18

2-5 偏好設定.. 2-19

Contents

2-6 Adobe Creative Cloud 2-21

    2-6-1 Adobe Creative Cloud能做什麼？ 2-22

    2-6-2 試用或訂閱Adobe Creative Cloud應用程式 2-24

    2-6-3 登出Creative Cloud 2-26

2-7 搜尋說明 2-27

▶ Chapter **3**　建立新的 **Illustrator** 文件 ➕

3-1 新增文件.. 3-1

    3-1-1 一般文件 3-1

    3-1-2 範本文件 3-5

3-2 文件設定.. 3-8

3-3 定位與對齊.. 3-10

    3-3-1 尺標與原點 3-10

    3-3-2 測量工具 3-13

    3-3-3 格點 3-14

    3-3-4 參考線 3-15

    3-3-5 智慧型參考線 3-17

3-4 儲存與轉存圖稿.. 3-19

    3-4-1 儲存圖稿 3-19

    3-4-2 將圖稿儲存在雲端 3-21

    3-4-3 將每個工作區域儲存成不同的檔案 3-23

    3-4-4 轉存圖稿 3-25

3-5 開啟已經存在的檔案... 3-26

    3-5-1 開啟舊檔 3-26

    3-5-2 打開最近使用過的檔案 3-28

3-6 變更文件的顯示倍率... 3-28

    3-6-1 放大鏡工具 3-28

    3-6-2 手形工具 3-31

Contents

➕ 瀏覽與管理圖稿檔案　　　Chapter 4 ◀

4-1 使用Adobe Bridge組織與管理影像 4-1

　　4-1-1 認識Adobe Bridge工作環境 4-4

　　4-1-2 在Adobe Bridge中管理檔案 4-11

4-2 將檔案或檔案夾同步到Creative Cloud 4-15

　　4-2-1 使用桌面應用程式同步並上傳檔案 4-15

　　4-2-2 管理雲端檔案夾與檔案 4-23

➕ 選取與排列物件　　　Chapter 5 ◀

5-1 關於圖層 5-2

　　5-1-1 認識圖層面板 5-2

　　5-1-2 新增圖層與複製物件 5-4

　　5-1-3 刪除圖層 5-6

　　5-1-4 重新命名圖層 5-7

　　5-1-5 顯示/隱藏圖層 5-8

　　5-1-6 鎖定/解鎖圖層 5-8

　　5-1-7 改變圖層或物件的顯示順序 5-9

　　5-1-8 組合、合併與平面化 5-10

5-2 選取基本範圍內的物件 5-12

　　5-2-1 使用選取工具 5-12

　　5-2-2 使用直接選取工具 5-15

　　5-2-3 使用群組選取工具 5-16

　　5-2-4 使用圖層面板選取物件 5-17

5-3 選取不規則範圍內的物件 5-19

　　5-3-1 使用套索工具 5-19

　　5-3-2 使用魔術棒工具 5-20

5-4 物件的搬移與複製 5-21

　　5-4-1 搬移物件 5-21

　　5-4-2 複製物件 5-22

5-5 旋轉與變形物件 5-24

　　5-5-1 使用縮放工具 5-25

Contents

5-5-2 使用傾斜工具 5-26

5-5-3 使用旋轉工具 5-28

5-5-4 使用鏡射工具 5-29

5-6 任意變形物件 5-31

5-7 還原與重做 5-33

▶ Chapter 6　繪製基本向量圖形 ✚

6-1 關於路徑 6-1

6-1-1 方向控制把手 6-3

6-1-2 複合路徑 6-3

6-2 繪圖模式 6-4

6-3 繪製線條與幾何圖形 6-6

6-3-1 使用線段區段工具 6-6

6-3-2 使用弧形工具 6-7

6-3-3 使用螺旋工具 6-9

6-3-4 使用矩形格線與放射網格工具 6-10

6-3-5 使用矩形、圓角矩形與橢圓形工具 6-12

6-3-6 使用多邊形與星形工具 6-14

6-4 繪製開放或封閉式路徑 6-15

6-4-1 Shaper工具 6-16

6-4-2 鉛筆工具 6-17

6-4-3 平滑工具 6-19

6-4-4 路徑橡皮擦工具 6-20

6-4-5 合併工具 6-20

6-5 鋼筆工具 6-20

6-5-1 繪製直線路徑 6-21

6-5-2 繪製曲線路徑 6-21

6-6 編輯路徑 6-23

6-6-1 使用簡化指令 6-23

6-6-2 使用路徑編修工具 6-25

6-6-3 連接與延續路徑 6-28

6-7 曲線工具 6-29

Contents

6-8 設定與建立筆畫 6-30

6-8-1 變更線段寬度、端點或轉角 6-31

6-8-2 建立、自訂虛線與箭頭 6-33

6-8-3 使用寬度工具 6-34

6-9 繪圖筆刷工具 6-36

6-9-1 筆刷類型 6-36

6-9-2 筆刷面板 6-37

6-9-3 使用繪圖筆刷工具 6-39

6-9-4 新增自訂的筆刷樣式 6-41

6-9-5 刪除筆刷 6-42

6-10 點滴筆刷工具 6-43

➕ 顏色設定與應用　　Chapter 7 ◀

7-1 選取顏色 7-1

7-1-1 填色與筆畫 7-1

7-1-2 檢色器 7-4

7-1-3 使用檢色滴管工具 7-6

7-2 顏色面板 7-9

7-3 色票面板 7-11

7-3-1 套用色票顏色 7-12

7-3-2 新增色票 7-13

7-3-3 刪除色票 7-14

7-3-4 新增顏色群組 7-14

7-3-5 編輯顏色群組 7-15

7-4 填色 7-16

7-4-1 使用漸層色票填色 7-16

7-4-2 使用漸層工具建立漸變效果 7-17

7-4-3 漸層面板 7-19

7-4-4 使用圖樣填色 7-22

7-5 透明度與漸變模式 7-23

7-5-1 設定透明度 7-24

7-5-2 建立半透明圖層 7-25

Contents

7-5-3 製作不透明度遮色片 7-26

7-5-4 漸變模式 7-29

7-6 使用漸層網格填色 7-33

7-6-1 建立包含不規則網格點的網格物件 7-33

7-6-2 建立包含規則網格點的網格物件 7-35

7-7 即時上色 7-37

7-7-1 建立即時上色群組 7-37

7-7-2 編輯即時上色群組 7-39

7-7-3 展開與釋放即時上色群組 7-40

7-8 千變萬化的配色模式 7-41

▶ Chapter 8　排列物件與改變物件外框 ➕

8-1 群組、鎖定與隱藏物件 8-1

8-1-1 群組與解散群組 8-1

8-1-2 選取與編輯群組物件 8-4

8-1-3 鎖定與解除鎖定物件 8-5

8-1-4 隱藏與顯示物件 8-6

8-2 排列圖形物件 8-8

8-2-1 物件的排列順序 8-8

8-2-2 物件的對齊與分佈 8-10

8-2-3 使用均分間距排列物件 8-14

8-3 剪下和分割物件 8-16

8-3-1 分割下方物件 8-17

8-3-2 使用剪刀工具 8-18

8-3-3 使用美工刀工具 8-19

8-3-4 使用橡皮擦工具 8-20

8-3-5 清除多餘的物件 8-22

8-4 組合物件 8-23

8-4-1 認識路徑管理員面板 8-23

8-4-2 物件融合 8-24

8-4-3 複合形狀 8-25

8-4-4 物件的裁切處理 8-26

Contents

8-4-5 形狀建立程式工具的運用 8-29

8-5 液化變形 8-31

8-6 封套扭曲變形 8-33

8-7 漸變特效 8-36

8-7-1 建立顏色漸變物件 8-37

8-7-2 建立形狀漸變物件 8-37

8-7-3 編修漸變物件 8-38

8-7-4 展開與釋放漸變物件 8-39

✛ 文字設計、編輯與應用　　　Chapter 9 ◀

9-1 建立文字 9-1

9-1-1 輸入點狀文字 9-2

9-1-2 輸入區域文字 9-3

9-1-3 建立形狀區域文字 9-5

9-1-4 建立路徑文字 9-5

9-2 連結文字 9-8

9-3 編輯文字 9-11

9-3-1 選取文字 9-11

9-3-2 新增、修改、刪除與搬移文字 9-12

9-3-3 直書與橫書的轉換 9-13

9-3-4 傾斜、旋轉與變形文字 9-14

9-3-5 建立彎曲文字 9-14

9-3-6 觸控文字工具 9-15

9-4 文字格式與樣式 9-16

9-4-1 文字的屬性設定 9-16

9-4-2 段落的屬性設定 9-18

9-5 功力倍增的編輯功能 9-19

9-5-1 文字的尋找與取代 9-19

9-5-2 文字的分欄處理 9-22

9-5-3 繞圖排文 9-23

9-6 將文字轉為路徑（外框字） 9-26

9-7 遺失字體的工作流程 9-28

Contents

▶ **Chapter 10** 建立 **3D** 與圖表物件 ➕

10-1 建立3D物件 10-1
　10-1-1 使用突出與斜角建立3D物件 10-1
　10-1-2 使用迴轉建立3D物件 10-7
　10-1-3 製作3D物件光源 10-9
　10-1-4 為3D物件貼上素材 10-11

10-2 建立圖表 10-13
　10-2-1 認識圖表類型 10-13
　10-2-2 繪製長條圖 10-14

10-3 編輯圖表 10-17
　10-3-1 修訂圖表資料 10-17
　10-3-2 變更圖表類型 10-17
　10-3-3 編修圖表物件 10-19
　10-3-4 填入圖樣 10-20
　10-3-5 結合不同類型的圖表 10-23
　10-3-6 立體圖表及陰影效果 10-24

▶ **Chapter 11** 創意符號的設定與應用 ➕

11-1 符號工具和符號組 11-1
　11-1-1 建立符號組 11-2
　11-1-2 變更符號範例位置 11-4
　11-1-3 壓縮或散佈符號範例 11-5
　11-1-4 調整符號範例大小 11-6
　11-1-5 旋轉符號範例 11-6
　11-1-6 為符號範例著色與調整透明度 11-7
　11-1-7 將繪圖樣式套用至符號範例 11-8
　11-1-8 符號工具的選項設定 11-9

11-2 使用符號繪圖 11-10
　11-2-1 置入符號範例 11-11
　11-2-2 修改符號 11-11
　11-2-3 建立新符號 11-14

Contents

11-2-4 刪除符號 11-14

11-2-5 取代符號 11-15

11-3 物件的外觀屬性 11-19

11-3-1 認識外觀面板 11-19

11-3-2 在容器上套用填色與筆畫 11-21

11-3-3 新增、變更與清除外觀屬性 11-22

11-4 繪圖樣式 11-24

11-4-1 套用繪圖樣式 11-25

11-4-2 修改與新增繪圖樣式 11-26

11-4-3 刪除與中斷連結繪圖樣式 11-29

✚ 編排與編輯圖片　Chapter 12 ▶

12-1 置入檔案 12-1

12-2 臨摹手繪圖稿 12-6

12-3 影像描圖 12-8

12-4 剪裁遮色片 12-11

12-4-1 遮住多餘的圖稿 12-11

12-4-2 使用分離模式編輯內容 12-13

12-4-3 釋放剪裁遮色片 12-14

12-5 在文字物件中置入圖片 12-15

✚ 快速加入創意特效　Chapter 13 ▶

13-1 套用各式效果的原則 13-1

13-2 套用Illustrator效果 13-3

13-2-1 SVG濾鏡 13-3

13-2-2 扭曲與變形 13-4

13-2-3 裁切標記 13-8

13-2-4 路徑與路徑管理員 13-8

13-2-5 風格化 13-10

13-2-6 點陣化 13-12

Contents

13-3 套用Photoshop效果 13-13

13-3-1 效果收藏館 13-14

13-3-2 像素 13-14

13-3-3 扭曲 13-16

13-3-4 模糊 13-18

13-3-5 筆觸 13-20

13-3-6 紋理 13-23

13-3-7 素描 13-25

13-3-8 藝術風濾鏡 13-30

13-4 使用透視格點工具 13-35

13-4-1 設定透視格點 13-35

13-4-2 建立透視物件 13-39

13-4-3 編輯透視物件 13-44

▶ Chapter 14　完稿與印刷

14-1 影像分割 14-1

14-1-1 建立切片 14-1

14-1-2 編輯切片 14-6

14-2 資料庫面板 14-9

14-3 輸出為網頁格式 14-12

14-4 執行列印工作 14-15

範例下載

本書範例請至碁峰資訊網站：
http://books.gotop.com.tw/download/ACU084900 下載。
內容僅供合法持有本書的讀者使用，未經授權不得抄襲、轉載、
公開與任意散佈。

1 認識數位影像

- 像素、影像尺寸與解析度
- 影像型態
- 認識色彩模式
- 色域與溢色
- 常見的影像格式

「數位影像」顧名思義就是以數位的方式來記錄或處理影像，然後用數位的方式予以儲存，所有的輸入、輸出與製作，都可以在電腦上完成，因此有更大的彈性讓使用者發揮。雖然數位影像所能表現的細膩程度及質感，仍然很難與傳統手繪圖畫相比，但是針對在網路上傳輸的影像和印刷品而言，數位影像的品質已綽綽有餘！

1-1 像素、影像尺寸與解析度

數位影像的優點，是傳統媒材望塵莫及的！它除了可以複製、不褪色、容易修改、更易於保存之外，又不占空間，好處多得數也數不清！由於可以使用網路傳輸，因此產生影像媒材的革命，最重要的是可以製作出各種拼貼與合成影像的特殊效果，單單這一點就稱得上所向無敵了！

像素

　　日常生活中所使用的數位相機、手機螢幕、電腦螢幕、掃描圖檔…等，只要能呈現數位影像的相關電子產品，它們所使用的顯示單位就稱之為 **像素（pixel）** 也可稱為 **畫數**。**像素** 好比「馬賽克」磚牆的其中一塊小磁磚，利用不同的顏色整齊排列在牆上，密度越高，影像越清晰。

原圖

馬賽克磁磚密度越高，影像越清晰

數位世界中電腦軟體的各項操作，都會透過螢幕來顯示，所看到的無論是文字、圖示或影像…等，都是由許多「小點」所組成，而影像上的每一個「點」都有自己的座標及顏色。所以，「馬賽克」磚牆上的其中一塊小磁磚就數位影像的組成而言，指的就是「點」也等於「像素」。

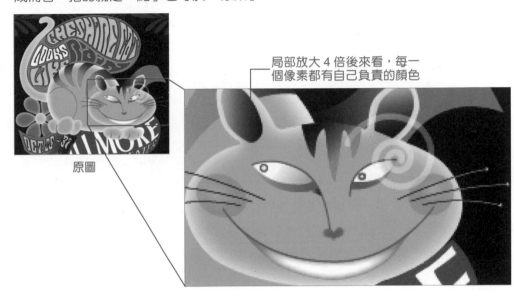

原圖

局部放大 4 倍後來看，每一個像素都有自己負責的顏色

影像尺寸

影像尺寸（image size）指的是圖像的寬度與高度，通常以 **像素** 為單位來表示，例如：800×600 表示水平方向 800 像素，垂直方向 600 像素，總像素量為 800×600=480,000 點。由於 **螢幕解析度** 的設定不同，因此相同尺寸的影像，在不同螢幕所呈現的大小也會不同；一張 800×600 的影像，在 800×600 解析度的螢幕上會占滿全螢幕；但是換到解析度 1024×768 的螢幕上，感覺好像「縮水了」，因為只占全螢幕的三分之二。

解析度

數位影像的品質取決於 **解析度（resolution）** 高低，電腦螢幕所顯示的 **影像解析度** 單位是「ppi（Pixel per inch）」，而印表機所使用的 **輸出解析度** 單位則稱為「dpi（Dot per inch）」，二者所指的皆為「每英吋所含的像素點（圖點）」。解析度越高，色彩就越多，影像品質越好；相對的檔案較大，電腦處理的時間也較長。

所以在選擇適用的解析度大小時，要考慮應用的場合及需求，例如：放在網站上供人瀏覽的圖片，可以設定為 72 ppi；列印時照片的解析度可以設定為至少 300 dpi，如此才不會增加檔案容量及傳輸時間。

舉例來說，有一張 8×10 英吋的影像，如果以解析度 100 ppi 來製作，那麼它所含有的像素數目便等於 8×100×10×100 ＝ 800,000 pixels；如果這張影像為 **RGB 模式（全彩）**，則每一個像素需要 24 bits 來記錄，影像的檔案大小就是 800,000 pixels×24 bits / pixels ＝ 19,200,000 bits，經過換算可以得到資料量（檔案大小）約為 2.3 MBytes。

19,200,000 Bits ÷ 8 = 2,400,000 Bytes

2,400,000 Bytes ÷ 1024 = 2343.75 KBytes

2343.75 Kbytes ÷ 1024 ≒ 2.3 Mbytes

透過上面的例子，可以瞭解數位影像的檔案大小是由 **影像尺寸**、**解析度** 和 **色彩模式** 來決定。解析度的大小關係著影像品質，而資料量的多寡又決定記憶體容量和作業時間；因此在做影像處理之前，應先考慮輸出圖形的尺寸和解析度，才能在可接受的品質範圍內，盡量降低解析度，減少檔案大小。當數位影像中的像素數目固定時，影像尺寸就決定解析度；同理，解析度變動後影像尺寸也必定會跟著改變。

原圖的解析度與圖檔大小

降低解析度之後

説明

電腦資料量是以 位元組（Byte）來記錄，換算公式如下：

I Byte = 8 Bits

I Kbytes = 1024 Bytes

I Mbytes = 1024 KBytes

I GBytes = 1024 Mbytes

1-2　影像型態

　　數位影像依照圖面元素的組成方式，基本上可以歸納為二大類：**點陣圖**（**Raster Image**）與 **向量圖**（**Vector Image**）。

1-2-1　點陣圖

　　點陣圖（**Raster Image**）是最常見的影像類型，例如：數位相機和手機所拍攝的照片。它是由「像素」組合而成，所以點陣圖是以點狀方式，透過不同的顏色一點、一點的排列將影像呈現出來，其優點是可以忠實的記錄每一個微小的像素及色彩資訊，能夠真實呈現影像中的豐富色彩。由於點陣圖要記錄非常多的影像資訊，所以資料量比較大；它的另一缺點是將影像放大顯示時，影像上會出現明顯塊狀的馬賽克鋸齒邊緣。因此在使用點陣圖時，要注意低解析度的圖放大之後，無法呈現原圖的品質及效果！

點陣圖

點陣圖色彩較真實，
但放大後會失真

1-2-2　向量圖

向量圖（**Vector Image**）是以數學運算的方式來處理影像的資訊，無論如何縮放，都能精準的運算出最正確結果，也不會產生馬賽克鋸齒邊緣，因此不受解析度的影響。向量圖的優點是檔案容量較小，適用於精確繪圖及設計，也用在 Flash 動畫上，可隨時修改的動作；其缺點是色彩表現不如點陣圖細緻，所以無法產生如同相片般的真實效果，在影像特效的表現上也有限，且需特定軟體才能開啟向量圖形。請參考下圖，點陣圖與向量圖在原圖大小相同的情況下，外觀看不出有何差異；但將其放大數倍以後，即可明顯看出二者之間的差異。

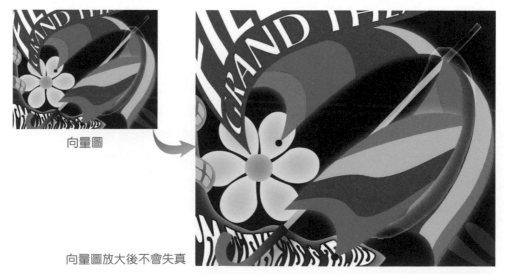

向量圖

向量圖放大後不會失真

1-2-3 點陣圖與向量圖的搭配

點陣圖 與 **向量圖** 各有其優缺點，幸好它們個別的優點恰巧可以彌補對方的缺點，因此在繪圖與影像處理的過程中，往往必須借重這二種型態的軟體交互運用，以便截長補短完成最後的作品。

一般而言，處理相片類的逼真影像，非點陣式軟體莫屬，無論是將相片掃描輸入，或使用數位相機拍攝的影像，都是點陣圖。點陣圖在輸入的時候，就已經決定了它所含有的像素數目，且解析度已經固定，因此在放大到一定程度時，解析度就會降低，雖然可以透過「內插補點」或濾鏡功能予以修飾，但是效果仍有其極限。輸出時也受限於固定的解析度，即使輸出設備的解析度較高，實質上仍無法提升效果。

向量圖最大的優點，是在於它只記錄定義線條和色塊的數學資料，輸出時才依據輸出設備的解析度轉換為點陣資料進行輸出，所以能發揮輸出設備的最高解析度，獲得非常細緻的線條與色塊。

常用的點陣圖處理軟體為 Adobe Photoshop、Ulead PhotoImpact…等；常用的向量式繪圖軟體有 Adobe Illustrator、Corel CorelDRAW…等。印前作業時，若能適當的搭配這二類軟體，分別處理點陣圖與向量圖，最後再進行圖文整合，即能提昇工作效率與獲得完美的作品。圖文整合可以在排版軟體上進行，常見的有 Adobe InDesign、QuarkXPress 或 PageMaker。

文字

點陣圖

向量圖

Easter Egg Hunt Flyer Template
作者：BrandPacks

1-3 認識色彩模式

宇宙中的色彩與光影千變萬化，若使用簡單的數學參數來定義它們似乎不太容易，因此便發展出許多不同的 **色彩模式（Color Mode）**，用來定義色彩。在學習影像處理之前，必須先熟悉數位影像的「色彩模式」，如此可以提高您對色彩準確性的掌握！

一般來說，記錄每一個像素所使用的 **位元（bit）** 數，可以決定它可能表現的色彩範圍。數位影像中每 1 位元（bit）的資料，代表了「開」與「關」（0 或 1），所以只能記錄二種顏色（$2^1=2$），例如：黑色或白色。如果以 8 位元（8 bits）來記錄，便可以表現出 256 種顏色或色階（$2^8=256$），因此，用來記錄影像色彩的位元數越多，所能表現的色彩數也越多。

1-3-1 全彩模式

數位影像中所謂的 **全彩（Full Color）**，是指用 24 bits 來記錄色彩。由於各種顏色的光線，基本上都可以由 **紅（Red）**、**綠（Green）**、**藍（Blue）** 三原色合成產生，如果每一個原色都使用 8 bits 記錄，便可表現出 256 種不同明暗的階調。

將三原色分別使用 256 個階調組合搭配之後，可以產生約 1,677 萬種（$2^8 \times 2^8 \times 2^8$）顏色；雖然這些顏色還無法涵蓋自然界中的所有顏色，但是幾乎已經包含肉眼所能辨識出來的極限，因此，我們將 24 bits（$2^8 \times 2^8 \times 2^8=2^{24}$）色彩稱為 **全彩**。

全彩模式

1-3-2　灰階模式

　　每一個像素使用 8 bits 記錄，因此可以表現出 256 種階調（2^8=256）；如果將純黑和純白間的階調等分為 256 個階調，就成了 256 灰色調模式，可以用來模擬黑白照片的影像效果。

　　雖然黑白照片中的階調是連續的，同時階調數遠超過 256，但就一般應用美術的需要而言，256 個階調已足以將黑白影像表現得相當完美了；事實上印刷的網點也只有 101（0%~100%）種階調，實際印刷品所呈現的階調可能更少。

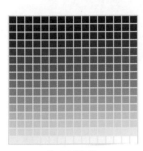

灰階模式

1-3-3　黑白模式

　　在黑白模式的影像中，每一個像素都由 1 bit 來表示，因此只能表現出 **黑色** 和 **白色**（2^1=2）二種顏色。黑白模式無法表現階調複雜的影像，但可以製作黑白的 **線稿（Line Art）**，或是特殊的二階調高反差影像，一般都使用在製造特殊的視覺效果。也因為它只用了 1 bit 來表示色彩，因此在所有色彩模式中，它所佔據的檔案容量是最小的。

黑白模式

1-3-4　16 色模式

　　每一個像素使用 4 bits 記錄，最多只能表現出 16 種色彩（2^4=16），而所呈現出來的彩色影像品質會比較差。

16 色模式

1-3-5　256 色模式

　　這一類型的數位影像，最多只能顯示 256 種顏色（2^8=256）。因為人的肉眼很難分辨出色彩上的些微差異，所以 256 色已足夠應付大部分的數位影像。256 色的影像一般都應用在網頁上，因為其檔案大小大約只有 **全彩模式** 影像的 1/3，如此可以節省上傳或下載的頻寬。

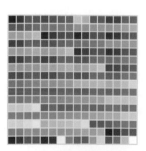

256 色模式

1-3-6　RGB 模式

　　光的三原色是 **紅（Red）**、**綠（Green）**、**藍（Blue）**，也就是 RGB，由這三種光的強弱組合，可以混合產生出絕大部分肉眼可見的顏色。最常見的例子便是傳統電視機和電腦螢幕，它們的陰極射線管大都是以三槍投射的方式，使螢光幕產生 RGB 的光線，來合成各種顏色，因此網路上的影像經常使用 RGB 模式。

　　在 RGB 模式下，每一個像素用 24 bits 資料表示；其中 RGB 三原色各使用 8 bits，因此每一原色都可以表現出 256（2^8=256）個不同濃度的階調，可以產生 1677 萬色，也就是數位影像所謂的 **全彩**。

　　由於 RGB 檔案較 CMYK 檔案小，能節省記憶體空間，因此可以在 RGB 模式下進行影像處理，等到輸出印刷時再轉為 CMYK 模式進行輸出。

RGB 模式

1-3-7　CMYK 模式

　　CMYK 模式是針對印刷而設計的模式，當我們用顏料著色時，**青色（Cyan）**、**洋紅（Magenta）**及 **黃色（Yellow）**是構成各種色彩的原色。這種色彩組成的模式和 RGB 模式不同，因為色彩的產生不是直接來自於光線的色彩，而是由照射在顏料上反射回來的光線所產生。

　　四色印刷 是依據上述理論發展出來的，理論上，利用 CMY 三原色混合，可以製作出所需要的各種色彩，但實際上等量的 CMY 混合後，並不能產生完美的黑色或灰色，而是混濁的棕灰色，因此在印刷時還必須加上 **黑色（Black）**。為了避免與 **藍色（Blue）**混淆，因此以 K 代表 黑色，成為 CMYK 模式，CMYK 參數也就相當於四色印刷時的四個色版。

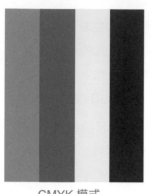

CMYK 模式

說明

- 加色法：**RGB 模式** 產生色彩的方式稱為「加色法」，因為沒有光時是全黑，三原色的光加入之後才產生色彩；越加越亮，加到極限時即成為白色。

- 減色法：**CMYK 模式** 是因為顏料會吸收一部分光線，而未被吸收的光線會反射出來，成為視覺上判定顏色的依據。這種產生色彩的方式稱為「減色法」，因為所有的顏料都加入後才成為純黑色，當顏料減少時才開始出現色彩，顏料全部除去後才成為白色（越減越亮，實際上是紙張的底色）。

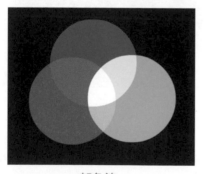
加色法

減色法

1-4　色域與溢色

如果發現印刷出來的影像品質，與實際在電腦螢幕上所看到的有色彩偏差，這時除了要檢查輸出影像的解析度、儲存檔案的格式與尺寸設定之外，還必須知道什麼是 **色域** 與 **溢色**。

色域（Gamut）

　　色域 是指在某一色彩模式下所涵蓋的色彩範圍，**Lab 模式** 的色域最大，RGB 模式 次之，**CMYK 模式** 的色域最小。

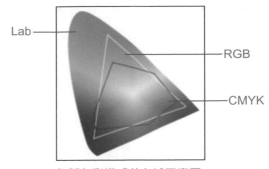

各種色彩模式的色域示意圖

溢色（Out-Of-Gamut）

　　採用 Lab 或 RGB 色彩模式的影像在印刷時，會有部分色彩無法表現出來，這種現象稱為 **溢色**。例如：採用 RGB 模式所定義的顏色，在印刷時必須轉換為 CMYK 模式，轉換時會將這些 **溢色** 變更為相近的顏色。**溢色** 對於印刷設備而言，則稱之為「無法列印色」。

　　綜合以上的各項敘述，就能明白為何在進行影像 **色彩模式** 轉換時，需要深思熟慮！否則，印刷時往往會造成某些程度上的色彩失真！

> **說明**
>
> **Lab 模式** 的色彩定義是由國際照明委員會（Commission International de l'Eclairage, CIE）所制定的，也是目前所有模式中涵蓋色彩範圍最廣的模式。其特色是對色彩的描述完全採用數學方式，與系統及設備無關，因此可以毫無偏差地在系統與平台間進行交換。
>
> - L：代表 **亮度（Lightness）** 由黑到白的光譜變化；範圍是 0 ～ 100。
> - a：是由綠到紅的光譜變化；範圍是 -128 ～ 127。
> - b：是由藍到黃的光譜變化；範圍也是 -128 ～ 127。

選擇色彩模式的原則

　　透過 Illustrator，可以將載入的點陣圖，進行 RGB、CMYK…等 **色彩模式** 的轉換。由於每一種 **色彩模式** 的特性不同、**色域** 也不盡相同，因此在進行轉換時，有可能會造成某些程度上色彩的損失，而且 **色彩模式** 也與輸出設備息息相關，所以應該盡量避免不必要的轉換！著手進行影像的繪製與編修之前，應先審慎考量下列幾個因素，再決定各階段所要採用的「色彩模式」，以獲得最高的效率和最佳的品質。

- **輸出方式**：輸出是決定 **色彩模式** 的最主要因素，印刷輸出時必然是以 **CMYK 模式** 為主，如果只是單純的在螢幕上顯示影像，則多半採用 **RGB 模式**。

- **色彩範圍（色域）**：**Lab** 和 **RGB** 模式的 **色域** 較廣，轉換為其他色彩模式後必然會損失部分的色調，如果要保存最完整的色彩，仍以 **RGB** 或 **Lab** 最佳。

- **編輯使用的功能或濾鏡**：在 Illustrator 中，部分的功能只能在特定的色彩模式下操作，為了遷就功能限制，所能使用的色彩模式也會受限。例如：**RGB** 模式下可以使用所有的濾鏡或特效，但在其他模式下只能使用部分濾鏡或特效，甚至完全不支援。

- **檔案大小與記憶體容量**：同一張影像所占的容量，在 **RGB** 模式下大約僅有 **CMYK** 模式的三分之一，操作起來會較省力。

- **檔案的儲存、傳輸與交換**：**色彩模式** 會影響檔案大小，傳輸速度和儲存容量也不同，對網路影像而言更為重要。

- **影像輸入模式**：透過掃描器所取得的影像檔案，大多為 **RGB** 模式；若是委託輸出中心協助掃描所取得的影像檔案，則大多為 **CMYK** 模式，雖然可以省去自己轉檔分色的手續及誤差，但相對的也犧牲了較寬廣的色域和操控的彈性，例如：印墨量、網點…等就無法自行控制。

說明

使用 Illustrator 繪製向量圖形時，可以透過下列二種方式轉換「色彩模式」。

- 執行 **檔案 > 新增** 指令，在 **新增文件** 對話方塊的 **進階** 選項區段中，選擇圖形的 **色彩模式**。

執行 **檔案 > 文件色彩模式** 指令，再點選對應的指令來轉換色彩模式。

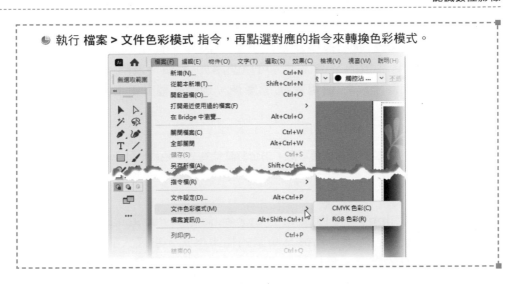

1-5 常見的影像格式

數位影像所使用的檔案格式非常多元，而且都俱備各自的特性與優、缺點，常見的格式說明如下：

● **AI 格式（*.ai）**：Adobe Illustrator 的專用檔案格式，會保留所有 Illustrator 中的影像屬性與功能，當影像中含有圖層等相關資料時，就必須以 ai 格式儲存。此種檔案格式是 Illustrator 所專屬的，它能和 Adobe Photoshop 搭配運用。

● **PSD 格式（*.psd）**：Adobe Photoshop 專屬的檔案格式，它可以完整儲存 Photoshop 特有的檔案資訊（**色板**、**圖層樣式**、**參考線**…等）及所有的色彩模式。psd 格式在存檔時會將檔案壓縮以節省磁碟空間，但不會影響影像品質。

● **CDR 格式（*.cdr）**：CorelDRAW 專屬的檔案格式，採用向量的方式定義出各種圖形元素，例如：矩形、線條、文字、弧形和橢圓形等圖形及色彩資料。檔案類型和 Adobe Illustrator 一樣同為向量式軟體的格式。

● **BMP 格式（*.bmp）**：是 Microsoft Windows 的標準點陣影像格式，可以支援 1-32 位元深度，且可以選擇 Windows 或 OS/2 二種檔案格式。

● **GIF 格式（*.gif）**：是一種經過 **色盤壓縮** 的圖形交換格式，讓圖檔在網路上傳輸時較為快速，被廣泛應用於網頁設計。gif 格式最多只能支援 256 色或更低色彩數的影像檔案，可以使用於 **黑白**、**灰階** 及 **索引色模式**，還能用來製作具有 **透明背景** 的影像，也是一種動畫檔案格式。

> **說明**
>
> **色盤壓縮** 是指將數位影像中的色彩數，由全彩降低為 256 色或更低色彩數，以減少檔案容量的運算方式。

● **JPEG 格式（*.jpg）**：是由 Joint Photographic Experts Group 發展出來的檔案，也是網頁設計上使用最為頻繁的檔案格式。它最大的特色在於可以提供高倍率的壓縮，是目前所有格式中壓縮比率最高的格式。**JPEG** 格式在壓縮時會捨棄一些肉眼不易辨識的資料，使得影像在有限的失真下得以大幅壓縮；由於它是一種破壞性的壓縮，在使用時需特別留意！

● **PNG 格式（*.png）**：由網景公司（Netscape）所發展出來的格式，是為了因應網路傳輸而制定的。它支援 **全彩** 影像、儲存 **Alpha 色版** 及製作 **透明背景** 的影像，而且是使用非破壞性的方式進行壓縮，所以不會傷害影像檔案的品質。最重要的是 **PNG** 格式可以記錄影像的 **Gamma** 值，使影像在不同平台上獲得一致的色彩表現。此外，在存檔時可以選擇「交錯」功能，這樣在下載網頁的時候，可以漸進方式在瀏覽器上逐漸顯示。

● **TIFF 格式（*.tif）**：是應用非常廣泛的影像格式，可以在許多不同的電腦平台和應用程式間交換資料，適用於排版印刷。它支援 **全彩**、**256 色**、**灰階** 及 **黑白** 影像。

● **EPS 格式（*.eps）**：是一種應用非常廣泛的 **PostScript** 格式，主要用於繪圖、排版及印前作業使用。**EPS** 格式可以儲存預覽的低解析度檔案，以便在排版軟體中載入做快速編排，到輸出網片或列印時，再連結高解析度檔案作輸出，如此便可以兼顧操作效率與輸出品質。

● **RAW 格式（*.raw）**：**RAW** 格式可以記錄最原始的數位相機感光資訊，因此提供更多的後製彈性，與影像處理有密不可分的關係。**RAW** 檔是一種可直接記錄相機感光元件（CCD 或 CMOS）的原始資料格式，沒有經過 **色彩平衡**、**對比** 及 **彩度** 等後製調整，目的就是為了提供數位

攝影者在軟體後製處理時，得到更大的彈性與空間。由於 **RAW** 格式以不失真的方式壓縮，因此檔案會比較大；這種格式可以透過 Photoshop、PhotoImpact…等軟體讀取。

● **PDF 格式（*.pdf）：** 由 Adobe 公司所發展的一種專為線上出版而制定的文件格式。它是以 Postscript Level 2 語言為基礎，因此可以涵蓋文字、向量式圖形、點陣圖，並且支援 **超連結（Hyper Text Link）**，只要使用 Adobe Reader 即可開啟並瀏覽 PDF 檔案，不需要有排版或影像軟體，即可閱讀文件內容，所獲得的版面編排也與印刷輸出相同。由於 PDF 支援超連結文件，因此是電子雜誌、電子書與電子文件經常使用的格式。

　　瞭解什麼是「數位影像」之後，只要將 Illustrator 安裝妥當，在作業系統的 開始 功能表中點選對應的圖示即可將其啟動。啟動時會出現「歡迎使用 Illustrator」畫面，可以在「建議清單」中選擇一款新檔案的頁面大小，例如：A4，就會進入 Illustrator 操作環境。接下來，請進入本書第二章，開始學習 Illustrator 的各項功能。

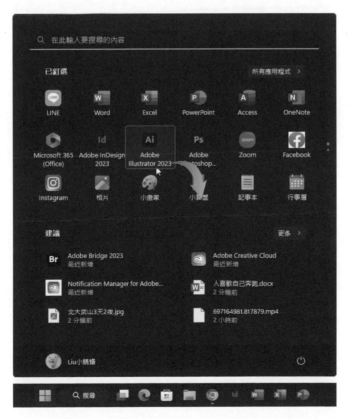

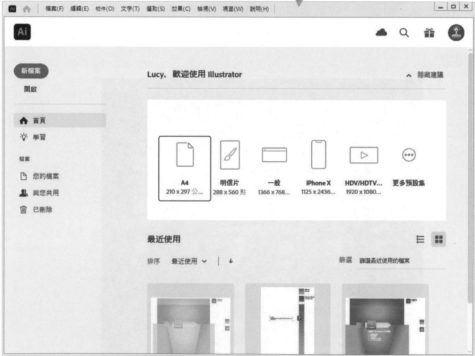

2 設定工作區域

- 認識使用者介面
- 變更使用者介面亮度與畫布色彩
- 排列文件
- 螢幕檢視模式
- 偏好設定
- Adobe Creative Cloud
- 搜尋說明

Illustrator 透過連線的 Creative Cloud 資料庫服務，能讓使用者輕鬆地漫步上雲端，無論是使用桌上型電腦或是行動裝置，在任何地方都能設計出色的作品。除此之外，還提供乾淨舒適、暗色調的使用者介面，讓 Illustrator 使用起來更方便、更有效率！

2-1　認識使用者介面

將 Illustrator 安裝妥當之後，在作業系統的 **開始** 功能表中點選對應的圖示即可將其啟動。啟動時會出現「歡迎使用 Illustrator」畫面，可以在「建議清單」中選擇一款新檔案的頁面大小，例如：**A4**，就會進入 Illustrator 操作環境。

> 💬 **說明**
>
> 本書編寫時所採用的是官方 2023 年 3 月 29 日發佈，版本代碼為 v27.4 的 Illustrator 2023。

首頁

功能表列

控制面板

展開／收合工具面板

文件視窗索引標籤

檔案名稱

色彩模式

檔案格式

檢視模式

目前的檢視比例

工具面板

工作區

畫布（暫存區）

狀態列
會顯示使用中的工具

檢視比例

工作區域導覽列

共用文件設定

最大化 / 還原視窗鈕

最小化視窗鈕

關閉應用程式

控制列選單

展開 / 收合面板

內容與資料庫面板

以垂直方向固定的 5 個面板群組

說明(H)

共用

不透明度： 100% 樣式：

3/預視)

關閉文件視窗

搜尋工具、說明和更多內容

排列文件

切換工作區

2-1-1 工具面板

　　工具 面板中包含各種常用的繪圖、編修工具，預設值是以「單行」顯示於工作區左側，幫助你輕鬆地選取、繪製和編修向量圖形。

　　若希望 **工具** 面板以「二行」顯示，請點選 **展開面板** ⏪ 鈕；展開後按 **收合** ⏩ 鈕，可以切換為「單行」。如果按住「夾駐列」不放，則可以將 **工具** 面板移動到工作區域的任意位置。

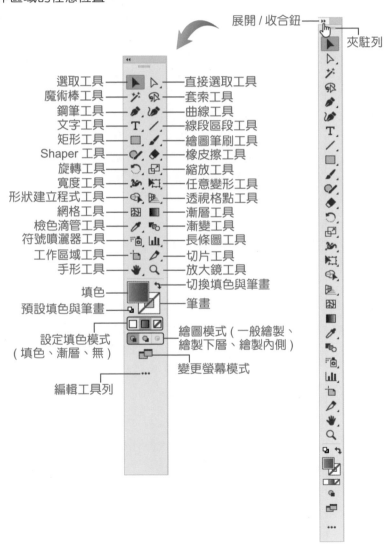

展開 / 收合鈕

夾駐列

選取工具 —— 直接選取工具
魔術棒工具 —— 套索工具
鋼筆工具 —— 曲線工具
文字工具 —— 線段區段工具
矩形工具 —— 繪圖筆刷工具
Shaper 工具 —— 橡皮擦工具
旋轉工具 —— 縮放工具
寬度工具 —— 任意變形工具
形狀建立程式工具 —— 透視格點工具
網格工具 —— 漸層工具
檢色滴管工具 —— 漸變工具
符號噴灑器工具 —— 長條圖工具
工作區域工具 —— 切片工具
手形工具 —— 放大鏡工具
填色 —— 切換填色與筆畫
預設填色與筆畫 —— 筆畫
設定填色模式（填色、漸層、無） —— 繪圖模式（一般繪製、繪製下層、繪製內側）
變更螢幕模式
編輯工具列

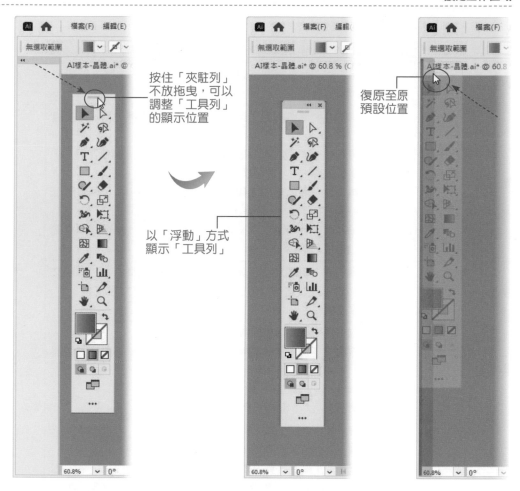

按住「夾駐列」
不放拖曳，可以
調整「工具列」
的顯示位置

以「浮動」方式
顯示「工具列」

復原至原
預設位置

工具鈕圖示的右下角如果有「**三角形 (◢)**」記號，表示其為「工具組」，使用
滑鼠左鍵按住不放，可以切換為其他工具。點選工具選單中的「分開鈕」，可以將
此工具群組獨立為浮動視窗，如此，可便於進行編修工作時輕鬆切換使用不同的
工具。

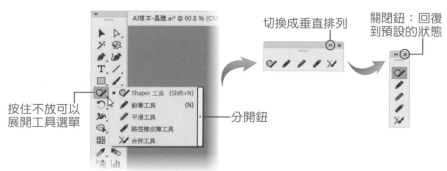

切換成垂直排列

關閉鈕：回復
到預設的狀態

按住不放可以
展開工具選單

分開鈕

依據每一個工具的屬性，可以將其分成下列 10 類：

工具組	工具名稱
選取工具	選取工具 ▶、直接選取工具 ▷、群組選取工具 ▷、魔術棒 ✷、套索工具 ◉。
繪圖工具	鋼筆工具 ✒、增加錨點工具 ✎、刪除錨點工具 ✑、轉換錨點工具 ⌐。 曲線工具 ✐、線段區段工具 ╱、弧形工具 ⌒、螺旋工具 ◎、矩形格線工具 ▦、放射網格工具 ✹。 矩形工具 ▢、圓角矩形工具 ▢、橢圓形工具 ○、多邊形工具 ⬡、星形工具 ☆、反光工具 ✺。 Shaper 工具 ✐、鉛筆工具 ✎、平滑工具 ✐、路徑橡皮擦工具 ✐、合併工具 ✍。
文字工具	文字工具 T、區域文字工具 ⊤、路徑文字工具 ✓、垂直文字工具 ⊥T、垂直區域文字工具 ⊤、直式路徑文字工具 ✓、觸控文字工具 ⊞。
填色工具	繪圖筆刷工具 ✎、點滴筆刷工具 ✐。 形狀建立程式工具 ◐、即時上色油漆桶工具 ▥、即時上色選取工具 ⇪。 網格工具 ▦、漸層工具 ▮。 檢色滴管工具 ✐、測量工具 ✐。
變形與改變外框工具	旋轉工具 ↻、鏡射工具 ▷◁。 縮放工具 ⊡、傾斜工具 ☞、改變外框工具 ⤡。 寬度工具 ✂、彎曲工具 ◀、扭轉工具 ⟳、縮攏工具 ✳、膨脹工具 ✜、扇形化工具 ◀、結晶化工具 ♨、皺摺工具 ▥。 任意變形工具 ▣、操控彎曲工具 ✶、漸變工具 ✿。
與透視圖有關的工具	透視格點工具 ▤、透視選取工具 ▶◦。
符號工具	符號噴灑器工具 ▥、符號偏移器工具 ✵、符號壓縮器工具 ◉、符號縮放器工具 ◎、符號旋轉器工具 ◉、符號著色器工具 ✿、符號濾色器工具 ◉、符號樣式設定器工具 ◉。
圖表工具	長條圖工具 ◨、堆疊長條圖工具 ◨、橫條圖工具 ◳、堆疊橫條圖工具 ◳、折線圖工具 ◺、區域圖工具 ◸、散佈圖工具 ▨、圓形圖工具 ◔、雷達圖工具 ◈。
剪裁和切片工具	橡皮擦工具 ◆、剪刀工具 ✂、美工刀 ✐。 切片工具 ✐、切片選取範圍工具 ✗。
移動和縮放檢視工具	工作區域工具 ◰、手形工具 ✋、旋轉檢視工具 ✋、列印並排工具 ⊡、放大鏡工具 ◎。

如果使用滑鼠左鍵在某些工具鈕上快按二下，會開啟對應的選項設定對話方塊或面板，可以在執行之前設定相關屬性。例如：快按二下 **繪圖筆刷工具**  會啟動 **繪圖筆刷工具選項** 對話方塊、快按二下 **橡皮擦工具** 會出現 **橡皮擦工具選項** 對話方塊、快按二下 **漸層工具** 則會展開 **漸層** 面板。

漸層面板

繪圖筆刷工具選項對話方塊

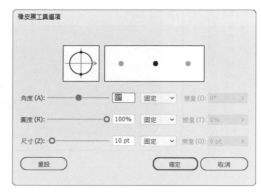

橡皮擦工具選項對話方塊

2-1-2 控制面板

控制 面板位於工作區上方，緊臨著 **功能表列**，它會隨著目前使用工具或選取物件的不同而變化，自動切換顯示對應的屬性設定選項。

③ 顯示對應的控制面板

① 直接選取工具

② 選取錨點

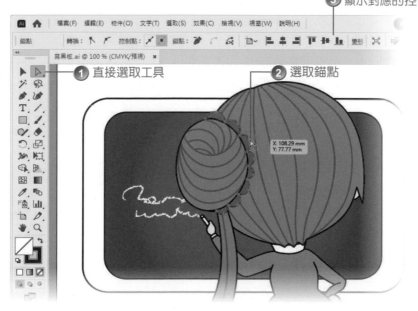

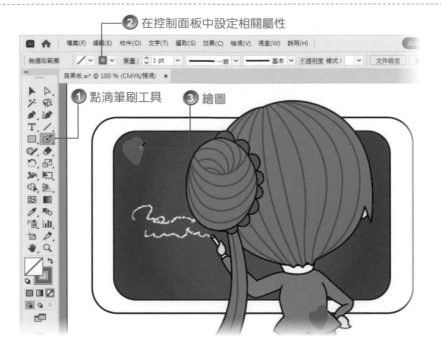

2-1-3 面板與工作區

初次使用 Illustrator 的時候，預設是以 **基本功能** 工作區顯示完整選單；Illustrator 內建 30 多個 **面板**，各有其專屬的功能，為了避免占用太多的 **工作區**，預設值採用「圖示」方式將數種常用的 **面板** 顯示在工作區最右側。

切換工作區

可以透過 Illustrator 視窗右上方的 **切換工作區** 鈕，在清單中選擇要切換到哪一種工作區。本書為了說明方便，是在 **傳統基本功能** 工作區操作。

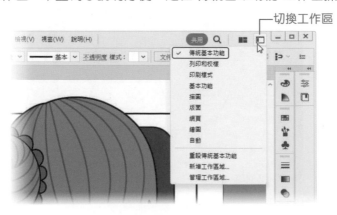

調整面板

　　如果是重度的 Illustrator 使用者，可以依據設計時的工作習慣事先調整浮動面板的集合或顯示方式，再將其儲存為專屬的「工作區」。

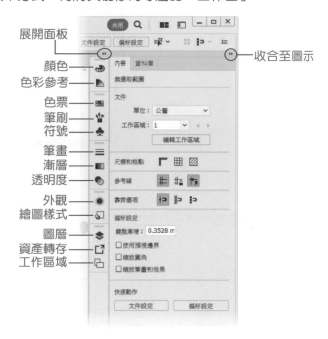

展開面板

收合至圖示

顏色
色彩參考
色票
筆刷
符號
筆畫
漸層
透明度
外觀
繪圖樣式
圖層
資產轉存
工作區域

　　按 **展開面板** 🔘 鈕，可以展開面板；按 **收合至圖示** 🔘 鈕，可以將面板收合為圖示。預設情形下，相似功能的屬性面板會集合成群組，點選面板標籤，即可切換顯示對應的面板內容；若按面板標籤左側的 **面板選項循環** 🔘 鈕，可以循環顯示面板的一般 / 進階選項設定值。

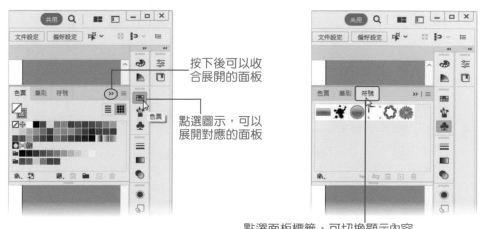

按下後可以收合展開的面板

點選圖示，可以展開對應的面板

點選面板標籤，可切換顯示內容

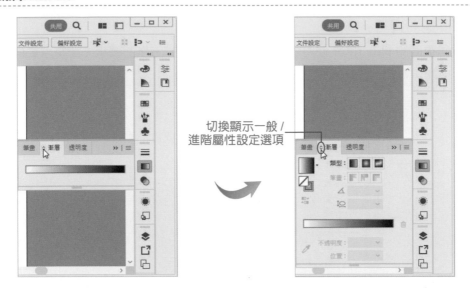

切換顯示一般 /
進階屬性設定選項

　　如果使用滑鼠左鍵按住面板標籤將其往外拖曳，使其離開面板組，可以單獨
顯示指定的面板。

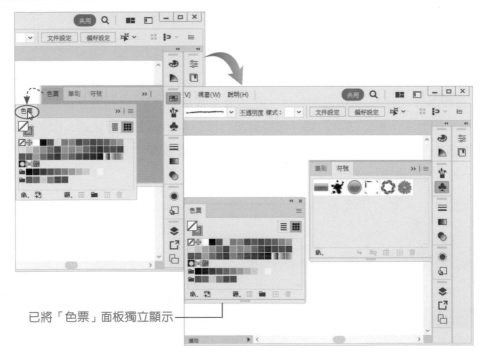

已將「色票」面板獨立顯示

　　獨立顯示的面板，視需要可以再將其拖曳放回到原來或其他面板組；操作過程中，當面板周圍出現藍色框線時，記得要放開滑鼠按鍵。

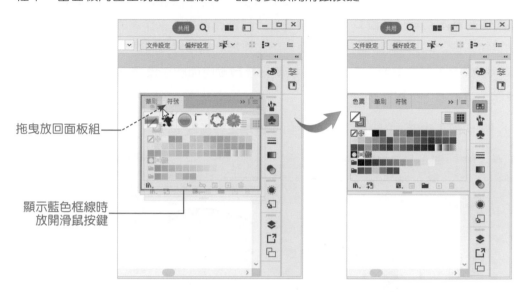

拖曳放回面板組

顯示藍色框線時
放開滑鼠按鍵

　　每一個面板右側都有 **面板選單** ▤ 鈕，點選之後可以展開選單，內含與該面板有關的指令。

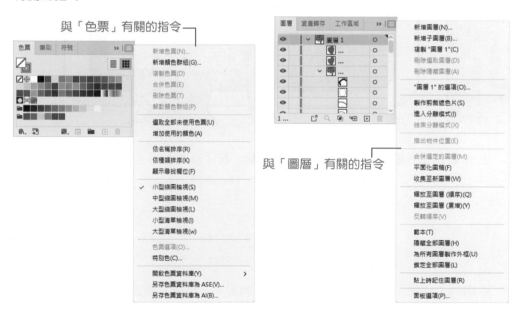

與「色票」有關的指令

與「圖層」有關的指令

儲存工作區

　　浮動面板經過乾坤大挪移之後，若變得十分凌亂，可以執行 **視窗 > 工作區 > 重設傳統基本功能（重設〇〇〇）**指令，將其還原為指定工作區的預設狀態；而點選特定的工作區名稱，則可以切換到該工作區。如果是要將調整之後的工作區顯示狀態儲存成專屬的「工作區」，以便日後啟動時即能在最順手的工作環境中操作，請參考下列說操作。

STEP **1** 按 **切換工作區** 鈕，執行清單中的 **新增工作區域** 指令。

STEP **2** 出現 **新增工作區域** 對話方塊，輸入 **名稱**，按【確定】鈕。

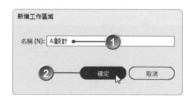

STEP **3** 新增的工作區即會加入到 **切換工作器** 清單中，點選之後即可切換到自訂的工作區。

STEP 4 如果要刪除自訂的工作區，請先按 **切換工作區** 🔲 鈕，執行清單中的 **管理工作區域** 指令，再透過 **管理工作區域** 對話方塊操作。

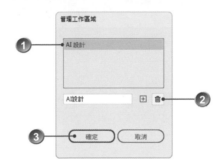

2-2　變更使用者介面亮度與畫布色彩

啟動 Illustrator 之後，使用者介面所採用的配色會與作業系統搭配，由於本書是在 Window 11 操作，因此預設值是以「亮」色呈現。

2-2-1　調整介面亮度

如果你較習慣在「暗」色的使用者介面中作業，可以透過 **偏好設定** 指令調整。

STEP 1 執行 **編輯 > 偏好設定 > 使用者介面** 指令。

STEP 2 出現 **偏好設定** 對話方塊，**亮度** 有四個選項－**暗、中等暗色、中等淺色、亮**讓你視需要挑選，完成設定後按【確定】鈕。

中等暗色 ─ 中等淺色
暗 ─ 亮

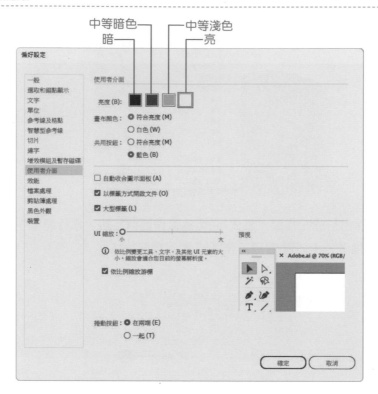

2-2-2 調整畫布色彩

Illustrator 預設的 **畫布顏色** 是依據使用者介面的 **亮度** 隨之調整，如果要將畫布顏色固定為「白色」，請在 **偏好設定** 對話方塊中的 **畫布顏色** 點選 ⊙**白色** 選項。

介面為中等淺色，畫布以白色呈現

2-2-3 以單獨視窗開啟文件

Illustrator 預設是以 **索引標籤** 方式呈現每一個開啟的檔案,編輯時只要點選文件的索引標籤,即能進行對應的操作。若希望每份圖稿都以單獨視窗呈現,請在 **偏好設定** 對話方塊中取消勾選 **□以標籤方式開啟文件** 核取方塊。

以「標籤」方式開啟(預設)

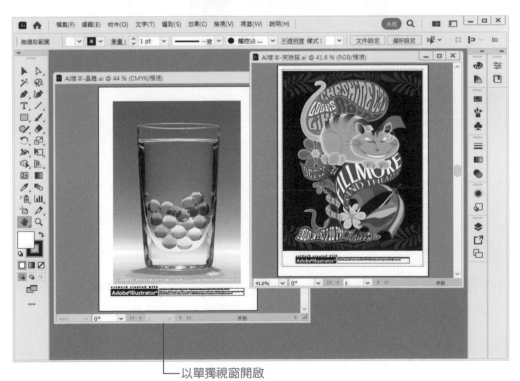

以單獨視窗開啟

2-3　排列文件

　　繪圖過程中可能會同時開啟多個檔案進行編輯，Illustrator 提供許多種排列文件視窗的方式，方便使用者在各個文件視窗之間切換，讓圖稿的編修與拼貼作業更有效率！無論是以預設的索引標籤（固定）或單獨視窗（浮動）方式開啟多份圖稿檔案，透過指令都能以不同方式快速切換至所要編輯的圖稿。

STEP 1 開啟任意三個 AI 檔案，這三份圖稿會依序排列，作用中的視窗其標題列會以高亮度顯示。

作用中的視窗

其他被開啟的文件會以標籤方式依序排列

點選標題列即可切換顯示不同的文件內容

STEP 2 點選視窗右上角的 **排列文件** 鈕，執行清單中的任意排列圖示，例如：全部按格點拼貼，即會將所有開啟的圖稿依指定方式排列。

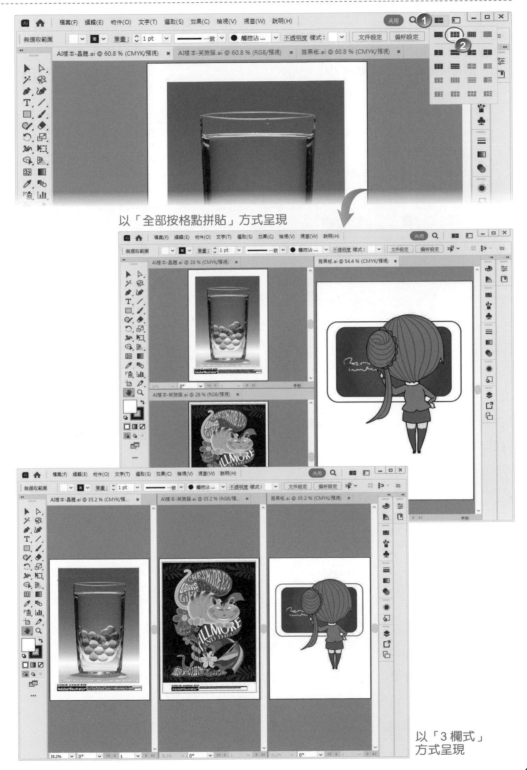

以「全部按格點拼貼」方式呈現

以「3 欄式」
方式呈現

說明

視窗 功能表指令的最下方會顯示目前已開啟的文件,如果文件視窗之間彼此遮蓋,點選要編輯的文件名稱即可快速切換。

作用中的文件

2-4 螢幕檢視模式

工具 面板的下方有一個 變更螢幕模式  工具,按下之後會顯示指令選單,執行其中的指令可以變更螢幕的顯示模式。

● 簡報模式:會以類似 PowerPoint 簡報的全螢幕模式呈現圖稿。

● 正常螢幕模式:預設的螢幕模式,在 工作區 中的顯示所有元件-功能表列、應用程式列、工具面板、狀態列、預設的 面板群組列…等和視窗的邊框。

- **含選單列的全螢幕模式**：提供更大的圖稿編輯空間，視窗會占滿整個 **Windows 桌面** 及 **工作列**，而且會將預設的 **面板群組列** 以「浮動」方式顯示。

- **全螢幕模式**：只顯示 **工作區**、**狀態列**，以及 **垂直**、**水平捲動軸**；按 `Esc` 鍵即可回到 **正常螢幕模式**。若要在此模式下，使用 **工具** 面板，請將游標放在螢幕的左側邊緣，該面板即會彈出；若要使用 **面板群組**，則是將游標放在螢幕的右側邊緣。

說明

- 如果只是要快速隱藏或顯示 **工具面板**、**控制面板** 和 **面板群組列**，請按鍵盤上的 `Tab` 鍵。
- 如果只是要快速隱藏或顯示 **面板群組列**，請按 `Shift` + `Tab` 鍵。

2-5 偏好設定

進入繪圖設計、編輯工作之前，可以先在 **偏好設定** 對話方塊中做好文件的相關設定，例如：選取和錨點顯示、文字、單位、使用者介面⋯等。可以依據自己熟悉的作業方式設定。完成設定之後，所建立的每一份文件都會套用這些設定值。

執行 **編輯 > 偏好設定** 選單中對應的相關指令，即會開啟 **偏好設定** 對話方塊，為了不影響系統的運作，建議你除了一般性的設定之外，其餘部分請採用系統預設值。

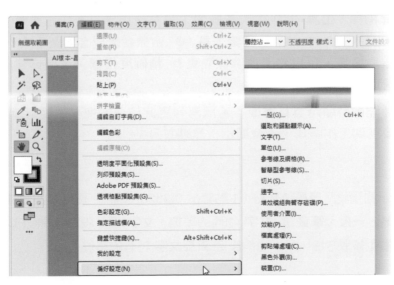

一般

　　若要移動繪圖物件，可以透過鍵盤上的方向鍵操作，關於方向鍵每次移動的距離與角度，則必須在 **偏好設定** 的 **一般** 選項中設定。

● **鍵盤漸增**：可以設定使用鍵盤 ⬆️ 、⬇️ 、⬅️ 、➡️ 鍵移動物件時的基本移動量，單位可以是 **公釐（mm）** 或 **點（pt）**。

● **使用精確指標**：**工具** 面板中大多數的工具在使用時，滑鼠游標會變成工具對應圖示，例如：點選 **套索工具** 🔾 游標會變成套索圖示 ᑫ；若勾選此核取方塊，可以將工具游標變更為 **精確度指標** ✛，讓你建立更精確的選取範圍。

● **沒有文件開啟時顯示首頁畫面**：若取消勾選此核取方塊，啟動 Illustrator 時會直接進到工作區域，不會顯示「歡迎首頁」。

單位

　　Illustrator 的預設度量單位是點（1 點等於 0.3528 公釐）。透過 **偏好設定** 對話方塊可以設定 **一般**、**筆畫** 及 **文字** 物件的單位；**文字** 偏好設定中預設已勾選 ☑ **顯示東亞選項** 核取方塊，所以也能設定 **東亞文字** 特有的單位。

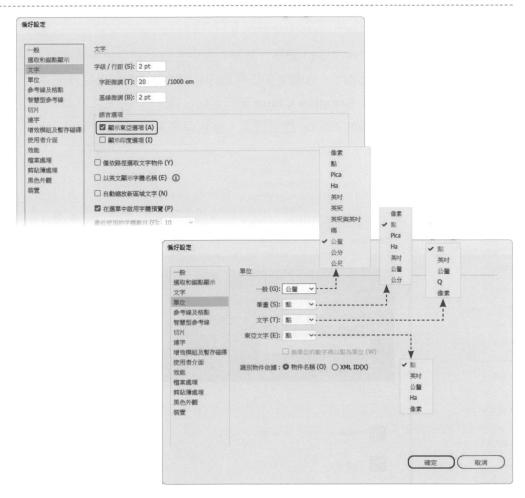

> **説明**
>
> 度量單位選項會影響的作業包括：尺標、測量二點之間的距離、移動和變形物件、
> 建立形狀、設定格點和參考線間距。

2-6　Adobe Creative Cloud

　　若你經常使用 OneDrive 或 Dropbox 雲端硬碟在任何地方存取檔案，想必對
所謂的「雲端服務」一定不陌生。目前知名的軟體大廠 Microsoft、Adobe⋯等所
開發的應用程式，例如：Microsoft 365、Adobe Creative Cloud 都是透過 **線上訂
閱** 的方式，讓使用者下載、安裝或更新所購買的應用程式，不再提供實體光碟片。

2-6-1 Adobe Creative Cloud 能做什麼？

透過連結緊密的 Creative Cloud 服務，無論在家中、公司的桌上型電腦或使用任何行動裝置都能輕鬆創作，也就是在任何地方都能設計出你的最佳作品。快按二下 **桌面** 上的 **Adobe Creative Cloud** 圖示可以在個人電腦中隨時下載、管理最新的 Adobe 應用程式、服務與產品更新。Creative Cloud 提供下列服務項目：

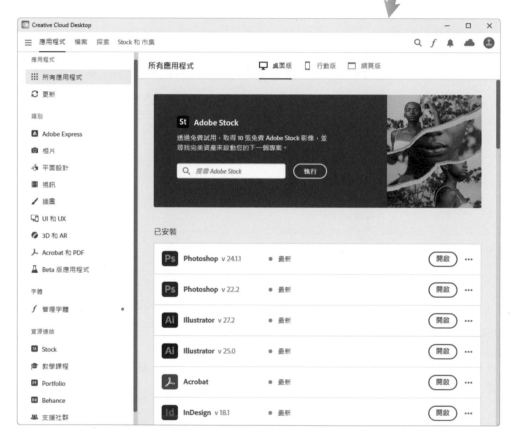

- **所有 Adobe 應用程式：**可以透過電腦作業系統的 **桌面、行動裝置** 或 **網頁** 輕鬆存取所有應用程式和服務。你可以檢視所有詳細資料，例如：系統需求和新功能摘要，並安裝、試用或更新應用程式和存取服務。

- **同步設定：**可以將 Illustrator 的偏好設定、預設集、資料庫、工作區…等設定安全的同步到 Creative Cloud，讓多部電腦 (無論是 Mac 或 PC) 擁有相同的操作環境，便於立即在任何場合工作。

- **將檔案同步到 Creative Cloud**：透過這項服務，會開啟電腦中的 **檔案總管 > Creative Cloud Files** 資料夾，如此一來就能使用瀏覽器上傳、分享共用檔案。

- **管理字體**：可以在 **Adobe 字體庫** 中瀏覽尋找想要同步與電腦的字體，使其能立即應用於任何 Adobe 的應用程式，而且隨時都能新增或刪除同步清單中的字體。

- **與 Behance 連結**：讓你的 Adobe ID 與 Behance 創意社群連結，發佈完成的作品集或進行中的作品、追蹤其他設計者的作品，還可以請他們針對自己的作品提供建議。

2-6-2 試用或訂閱 Adobe Creative Cloud 應用程式

如果你還沒有決定是否購買 Adobe Creative Cloud 的相關產品，但已經擁有 Adobe ID，那麼只要進入 Adobe 官方網站並登入，就可以試用或訂閱 Illustrator、Photoshop…等應用程式。

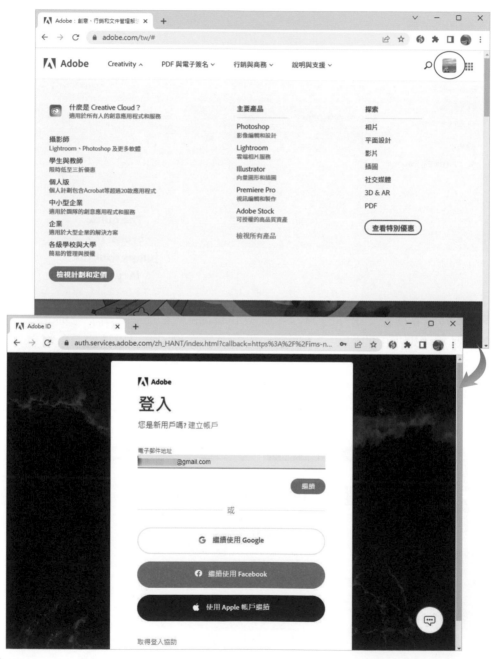

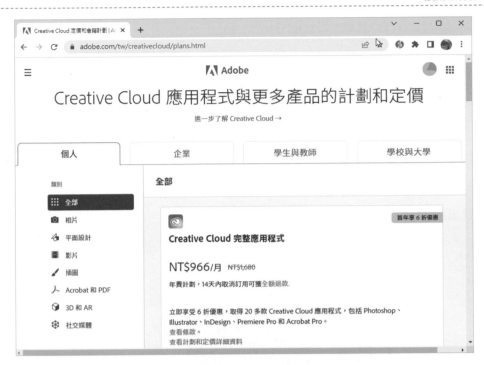

完成訂閱之後，會在桌面上產生 **Adobe Creative Cloud** 圖示，快按二下即會開啟 **Creative Cloud Desktop** 視窗，透過畫面的相關說明就能安裝或更新已訂閱的應用程式。

2-6-3 登出 Creative Cloud

　　如果工作上所使用的電腦是個人專用，一般來說沒有頻繁登入或登出應用程式的情況；但是，若在公司或校園的公用電腦中使用，為了能在每個人慣用的操作環境中作業，建議你在完成工作之後登出 Creative Cloud，這樣其他使用者才能使用自己的 Adobe ID 登入。

STEP **1** 快按二下 **桌面** 上的 **Adobe Creative Cloud** 圖示。

STEP **2** 先在 **Creative Cloud** 視窗中按一下右上方的 **使用者圖示** 鈕，然後執行 **登出** 指令。

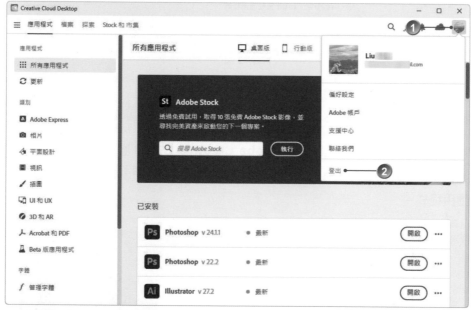

> 📌 **說明**
>
> 　　如果只是單純的登出 Illustrator，請執行 **說明 > 登出 (Adobe ID)** 指令。
>
>

2-7 搜尋說明

如果需要查找 Illustrator 工具或操作上的相關說明，可以按下視窗右上方的 **搜尋工具** Q 鈕。按下之後會開啟 **探索** 視窗，只要在 **搜尋說明** 方塊中，輸入要搜尋的主題，例如：**Shaper 工具**，按 Enter 鍵，即會顯示搜尋結果。

顯示 Illustrator 的建議、其他工具的說明或教學課程

除了使用上述方法之外，也可以執行 **說明 > Illustrator 說明**、**教學課程** 或 **新增功能** 指令，學習 Illustrator 的新功能、技術，以及相關工具的應用。

Illustrator 的新增功能　　　　　Illustrator 實作教學課程

3

建立新的
Illustrator 文件

- 新增文件
- 文件設定
- 定位與對齊
- 儲存與轉存圖稿
- 開啟已經存在的檔案
- 變更文件的顯示倍率

　　工作區 是創作圖稿的空間，設計者在 Illustrator 中可以建立多種不同類型的輸出文件，然後依據輸出作品的用途，選擇新增文件的描述檔即能開始作業；其中每一個描述檔都包含預設的文件 **頁面大小**、**色彩模式**、**單位**、**方向**、**透明度** 和 **解析度**…等值。

3-1　新增文件

　　Illustrator 所有關於檔案的存取、置入及輸出…等操作，都是透過 **檔案** 功能表來進行。

3-1-1　一般文件

　　使用 **檔案 > 新增** 指令，可以透過「描述檔」建立指定的 Illustrator 新文件，這個「描述檔」內含預設的 **填色** 與 **筆畫** 色彩、**繪圖樣式**、**筆刷**、**符號**、**動作**、**檢視**

偏好 和其他設定。新建的文件其 **檔案格式** 預設為「*.ai」，如果要變更檔案格式，必須透過 **儲存檔案** 或 **轉存** 指令進行。

STEP 1 啟動 Illustrator 之後，執行 **檔案 > 新增** 指令。

STEP 2 出現 **新增文件** 對話方塊，預設會在清單中顯示 **最近使用** 過的檔案。

STEP 3 請切換到要設計的文件類型，例如：**列印**；會顯示文件預設的 **寬度** 和 **高度**，視需要可變更用來測量的 **單位**（預設是採用 **公釐**）；設定文件要呈現的方向（**直式** 🔲 或 **橫式** 🔲）、**工作畫板**（工作區域）的數量。

STEP 4 設定工作區域每一邊的 **出血** 位置，預設四邊會採用相同的值；如果要分別設定，請先按 **讓所有設定都相同** 🔗 鈕，使其變成 **解鎖** 🔗 的樣子。

STEP **5** 如果展開 **進階選項**，可以設定 **色彩模式**、**點陣特效**、**預覽模式**，完成所有
設定之後，按【建立】鈕即能建立新文件。

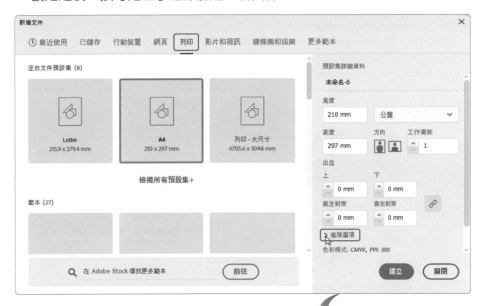

◆ **色彩模式**：設定新文件的色彩模式，所
選取的模式會影響新文件描述檔之預設
值（色票、筆刷、符號、繪圖樣式…
等），產生色彩變更。此時會顯示警告圖
示，提醒使用者留意。

◆ **點陣特效**：設定文件中點陣效果的 **解析
度**。如果此文件是要用來以高階印表機
輸出的印刷品，請務必將值設定為 **高**
（300 ppi）。

◆ **預覽模式**：設定文件預設的預覽模式，
可以隨時再透過 **檢視** 功能表中的對應指
令進行變更。

💬 **說明**

● 如果按【更多設定】鈕，會開啟 **更多設定** 對話方塊，也就是傳統的 **新增文件** 對
話方塊。

● 點選 **檢視 > 顯示列印並排** 指令，頁面中會顯示可列印區的虛線框，如此可以知
道繪製圖形時頁面邊緣的位置，以免超出印表機可列印的範圍。

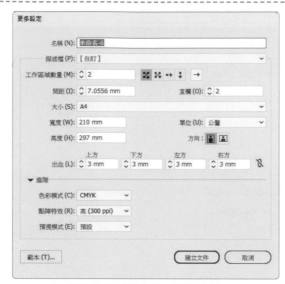

傳統的「新增文件」對話方塊

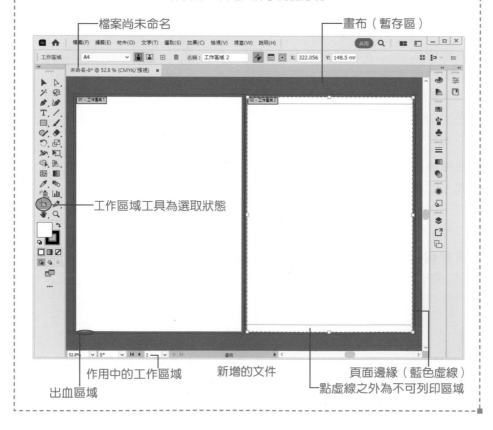

檔案尚未命名

畫布（暫存區）

工作區域工具為選取狀態

作用中的工作區域

出血區域

新增的文件

頁面邊緣（藍色虛線）

點虛線之外為不可列印區域

3-1-2 範本文件

　　Illustrator 特別為使用者預備了多種實用的範本，包含：各式印刷品、明信片、網頁、影片和視訊、線條圖和插圖站…等，透過這些範本再加上自己的創意，可以快速地繪製所需的圖稿。透過下列二種方式都可以指定的範本新增文件。

方法一

STEP **1** 啟動 Illustrator 之後，點選 **檔案 > 從範本新增** 指令。

STEP **2** 出現 **從範本新增** 對話方塊，快按二下 **空白範本**；點選清單中要使用的範本檔案，例如：**T 恤**，按【新增】鈕。

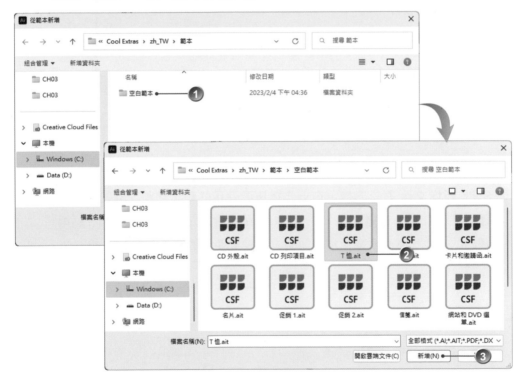

STEP **3** Illustrator 會建立與範本內容和文件設定完全相同的新文件，完全不會觸及原始的範本檔案；接著，就可以使用各式編輯工具修改圖稿內容。

方法二

STEP **1** 啟動 Illustrator 之後，執行 **檔案 > 新增** 指令。

STEP **2** 出現 **新增文件** 對話方塊，在上方選擇要使用的範本類別，例如：**行動裝置**；往下移動垂直捲動軸，在 **範本** 清單中會顯示各式範本文件，點選有興趣的範本，右側會顯示相關說明，確定要使用請按【下載】鈕。

顯示範本的相關說明

STEP **3** 下載完成之後，點選要使用的範本，按【開啟】鈕。

STEP **4** Illustrator 會建立與範本內容和文件設定完全相同的新文件，完全不會觸及
原始的範本檔案；接著，就可以使用各式編輯工具修改圖稿內容。

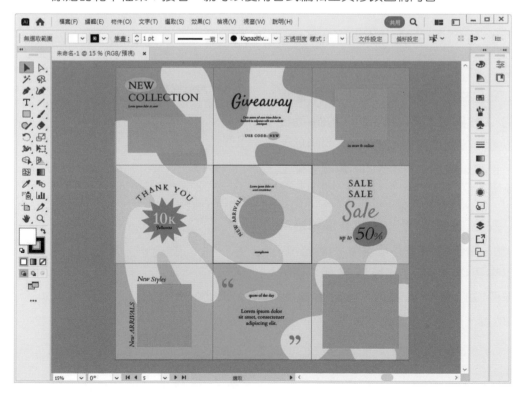

說明

Illustrator 在線上 Adobe Stock 中提供許多免費或需要付費下載的範本，如果在上述步驟 2 中按【前往】鈕，就能在素材庫瀏覽各式範本。

3-2 文件設定

新增文件之後，可以點選 **工具** 面板中的 **工作區域工具**，透過 **控制** 面板可以重新設定所選取 **工作區域** 的圖稿大小，也可以增加、刪除或同時編輯多個工作區域。

點選 **控制** 面板上的 **工作區域選項** 鈕，會開啟 **工作區域選項** 對話方塊，可以變更作用中的工作區域 **名稱**、自訂工作區域的 **寬度** 與 **高度**、設定 **方向** 和 XY 位置、刪除工作區域…等。

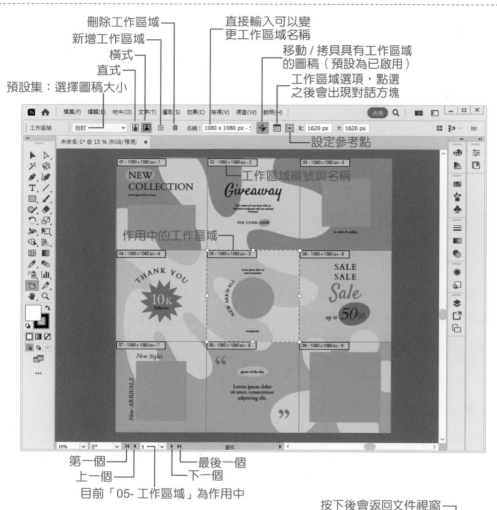

刪除工作區域
新增工作區域
橫式
直式
預設集：選擇圖稿大小

直接輸入可以變
更工作區域名稱

移動／拷貝具有工作區域
的圖稿（預設為已啟用）

工作區域選項，點選
之後會出現對話方塊

設定參考點

工作區域編號與名稱

作用中的工作區域

第一個
上一個
最後一個
下一個

目前「05-工作區域」為作用中

按下後會返回文件視窗

如果要調整整份文件的 **出血** 與
文字選項…等設定，請執行 **檔案 > 文
件設定** 指令，透過 **文件設定** 對話方
塊進行設定。

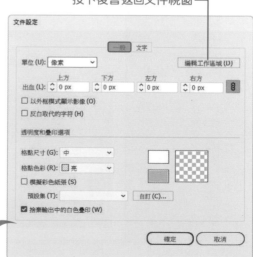

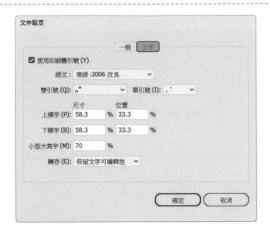

3-3 定位與對齊

　　無論是繪製或編修圖稿，如果全部的設定都採用「直覺式」方法製作，似乎不夠精準！事實上 Illustrator 提供多項輔助工具－**尺標**、**參考線**、**格點** 與 **測量工具** ✐，協助使用者在設計圖形物件時定位與測量。

3-3-1 尺標與原點

　　尺標 可以在設計編排過程中製作精確的物件。**尺標** 如果沒有顯示在頁面上，可以執行 **檢視 > 尺標 > 顯示尺標** 指令，或按 Ctrl + R 鍵。

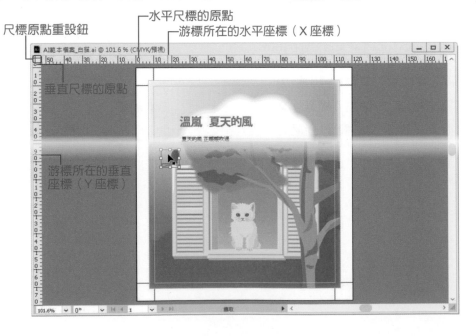

　　尺標 預設的原點（0,0）位於左上角，在 **尺標** 上方按一下滑鼠右鍵，可以變更度量單位。

已將尺標的單位改為「公分」

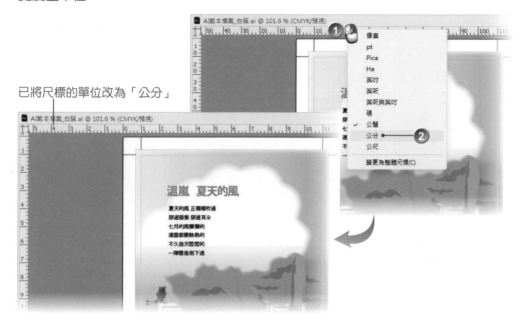

整體尺標

　　尺標以 **原點**（0,0）為度量基準，水平尺標往右為正值、往左為負值；垂直尺標往下為正值、往上為負值。繪圖過程中若為了某些物件的定位考量，可以視需要調整尺標上原點的位置。

STEP **1** 將滑鼠移到水平、垂直尺標交接處的「尺標原點重設鈕」。

STEP **2** 按住滑鼠左鍵拖曳，往要設定新「原點」的位置移動。

STEP **3** 確認要設定為「原點」的位置之後，鬆開滑鼠按鍵，即可建立新「原點」。

在此快按二下可還原成預設值 ── 新的水平尺標原點

新的垂直尺標原點

工作區域尺標

　　工作區域尺標 與 **整體尺標** 之間的差異：**工作區域尺標** 的原點會依據作用中的工作區域而變更；此外，不同的工作區域可以擁有不同的尺標原點。預設的 **工作區域尺標** 原點是位於各工作區域的左上角。

　　如果要切換 **工作區域尺標** 和 **整體尺標**，請執行 **檢視 > 尺標 > 變更為整體尺標** 或 **檢視 > 尺標 > 變更為工作區域尺標** 指令。

水平尺標原點 ── 作用中的工作區域

整體尺標

水平尺標原點 ——|

|—— 作用中的工作區域

工作區域尺標

3-3-2 測量工具

　　使用 **測量工具** ✐ 再搭配 **資訊** 面板所提供的資訊，可以比 **尺標** 獲得更清楚的數據，例如：物件中二點之間的距離、角度…等。

STEP **1** 點選 **測量工具** ✐ ，將滑鼠游標移到影像中，按住滑鼠左鍵拖曳出所要測量的距離（度量線），再鬆開滑鼠按鍵。

STEP **2** 操作時會伴隨出現 **資訊** 面板顯示相關的資訊。

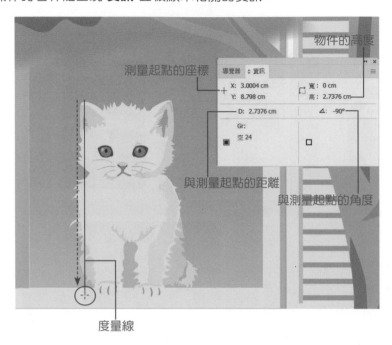

測量起點的座標

物件的高度

與測量起點的距離

與測量起點的角度

度量線

📌 **説明**

建立度量線時，如果先按住 Shift 鍵再拖曳，可以產生水平、垂直或 45 度的度量線段。

3-3-3 格點

格點 是用來提供更精確對齊依據的參考線，預設值是顯示在圖稿下層，而且不會列印出來。

● 執行 **檢視 > 顯示格點** 指令，工作區中即會依系統預設值顯示格點。

● 如果要隱藏格點，請執行 **檢視 > 隱藏格點** 指令。

● 如果要讓物件靠齊格線，請執行 **檢視 > 靠齊格點** 指令；然後選取要移動的物件，拖移到所要位置，當物件的邊界距離格線 2 個像素時，就會靠齊格點。

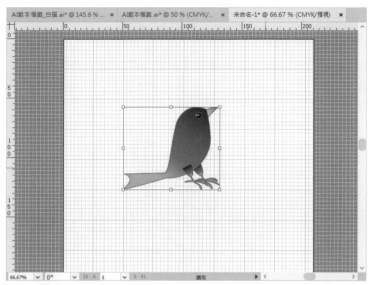

顯示格點

3-3-4 參考線

　　參考線 可協助對齊文字和圖形框架，它和 **格點** 一樣都不會列印出來；視需要可以在圖稿上建立垂直或水平尺標參考線。執行 **檢視 > 參考線 > 顯示參考線** 或 **隱藏參考線** 指令，可以顯示或隱藏參考線。

　　預設情況下並沒有鎖定參考線，所以能執行移動、修改、刪除或回復…等作業，也可以將參考線鎖定在固定位置。動手建立參考線之前，如果圖稿上沒有顯示 **尺標**，請按 Ctrl + R 鍵。

STEP **1** 將滑鼠游標移到水平或垂直尺標上方，按住滑鼠左鍵向下或向右拖曳至圖稿上方，即會出現參考線。

STEP **2** 將參考線移動到適當位置，鬆開滑鼠左鍵即可產生指定的參考線。

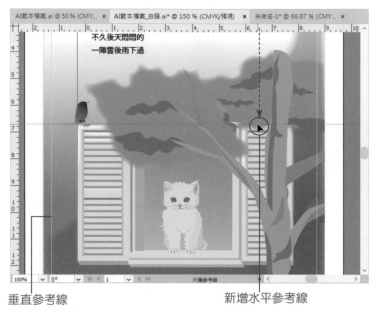

垂直參考線　　　　　　　　　　　新增水平參考線

STEP **3** 將滑鼠游標指到要調整的參考線上方後，按住拖曳可以調整位置。

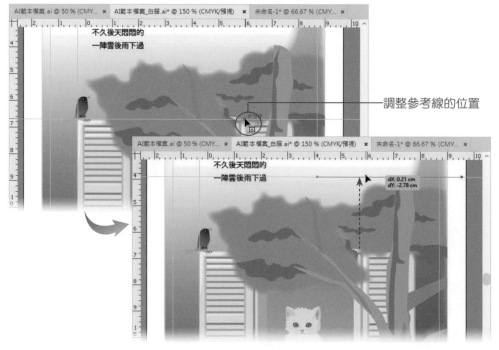

調整參考線的位置

STEP 4 如果要清除圖稿上方的所有參考線，請執行 **檢視 > 參考線 > 清除參考線** 指令；若只是要刪除某條參考線，點選之後按 Del 鍵。

進行編輯作業時，若要避免無意間移動到參考線，可以執行 **檢視 > 參考線 > 鎖定參考線** 指令，鎖定之後就無法更動參考線的位置。

3-3-5 智慧型參考線

智慧型參考線 是具有「暫時靠齊」特性的參考線，可以透過相對於其他物件的方式來建立、編輯或變形物件。預設值已啟用 **智慧型參考線**，如果沒有啟動，請執行 **檢視 > 智慧型參考線** 指令，這時只要選取或移動物件，**智慧型參考線** 會顯示相關的資訊，例如：物件的旋轉角度、移動物件或對物件進行變形動作時的差距。最主要的是物件會依你所選擇的任何對齊方式對齊，方便設計者排列物件。

● 使用 **鋼筆工具** ✒ 或 **形狀工具**（▢、▢、⬭、◉、★）建立物件時，透過 **智慧型參考線** 可以相對於現有物件放置新物件的錨點。

● 使用 **鋼筆工具** ✒ 或 **形狀工具**（▢、▢、⬭、◉、★）建立物件，或將物件變形時，透過 **智慧型參考線** 可以特定角度（例如：45 或 90 度）放置錨點。

● 移動物件時，透過 **智慧型參考線** 可以將選取的物件向其他物件對齊。對齊方式會依據物件的幾何圖形而有所不同，當接近其他物件的邊緣或中心點時，即會顯示參考線。

● 將變形物件時，也會自動顯示 **智慧型參考線**，便於執行變形操作。

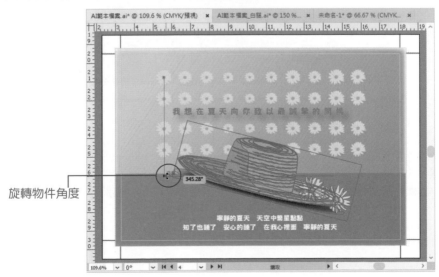

旋轉物件角度

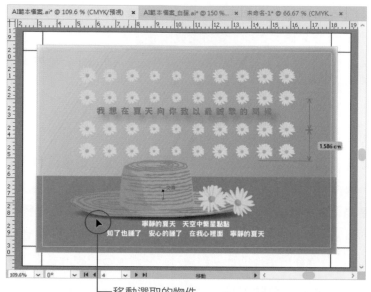

移動選取的物件

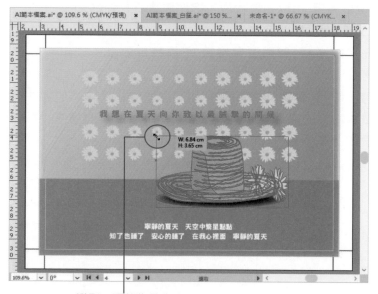

變形一調整物件大小

說明

如果 **檢視 > 靠齊格點** 指令是啟用狀態，則 **智慧型參考線** 的功能將無法使用。

3-4　儲存與轉存圖稿

儲存或轉存圖稿時，可以依據用途與用的選擇要儲存的格式，執行之後 Illustrator 會將圖稿資料寫入至檔案。

3-4-1　儲存圖稿

儲存圖稿的基本檔案格式有 AI、PDF、EPS、SVG，這些格式都稱為「原生格式」，會保留所有 Illustrator 資料，包含圖稿中所擁有的多個工作區域。

● 儲存為 PDF 和 SVG 格式時，必須勾選 ☑ **保留 Illustrator 編輯能力** 核取方塊，才能保留所有 Illustrator 資料。

● 儲存為 EPS 格式，可以將個別工作區域另存為不同的檔案。

● SVG 格式只會儲存作用中的工作區域，但會顯示所有工作區域的內容。

STEP **1** 如果是新建立的文件，請執行 **檔案 > 儲存**、**另存新檔** 或 **儲存拷貝** 指令。

STEP **2** 如果是執行 **儲存** 或 **另存新檔** 指令，會開啟 **儲存到 Creative Cloud** 對話方塊，請按【您的電腦上】鈕。

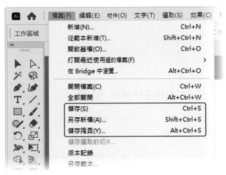

STEP **3** 出現 **另存新檔** 對話方塊，選擇存放檔案的位置、輸入 **檔案名稱**、**存檔類型** 選擇 Adobe Illustrator (*.AI)，按【存檔】鈕。

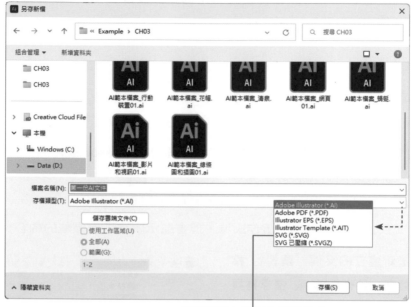

圖稿可儲存的原生檔案格式

STEP **4** 出現 **Illustrator 選項** 對話方塊，設定相關的選項，完成後按【確定】鈕。

如果希望圖稿能在較早的 Illustrator 版本中開啟，請在此選單中選擇所要儲存的版本

- 在步驟 2 時，若輸入檔案名稱後，按【儲存】鈕，會將檔案直接儲存在雲端預設資料夾，這部分請參考 3-4-2 節。
- 開啟 另存新檔 對話方塊之後，如果按【儲存雲端文件】鈕，可以將圖稿改為儲存至雲端預設資料夾。

3-4-2 將圖稿儲存在雲端

如果是 Adobe 應用程式的合法使用者且仍在訂閱期間內，就能將圖稿儲存在雲端資料庫，方便異地工作或數位游牧者可以隨時儲取檔案，也可以作為檔案的備份空間。

STEP 1 如果是新建立的文件，請執行 檔案 > 儲存、另存新檔 指令。

STEP 2 開啟 儲存到 Creative Cloud 對話方塊，輸入 檔案名稱 後按【儲存】鈕。

STEP **3** 會以本機電腦的 **檔案總管** 開啟 **Creative Cloud Files** 資料夾，快按二下
雲端文件。

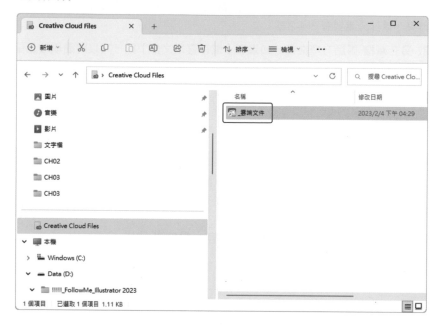

STEP **4** 這時，會以瀏覽器開啟 **Adobe Creative Cloud** 網頁，檔案已經存放在雲
端資料夾。

3-4-3 將每個工作區域儲存成不同的檔案

如果一份圖稿擁有多個工作區域，視需要可以將它們各別儲存為不同的檔案。

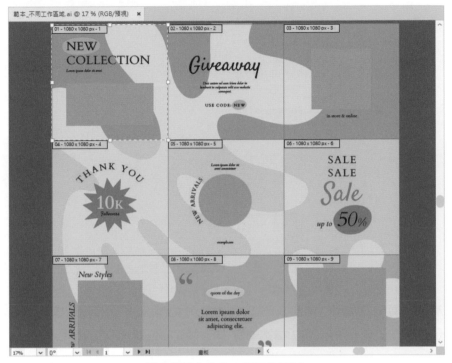

這份圖稿中內含 9 個工作區域

STEP **1** 你可以使用 3-1-2 節以範本所建立的檔案進行操作。執行 **檔案 > 另存新檔** 指令。

STEP **2** 出現 **另存新檔** 對話方塊，選擇存放檔案的位置、輸入 **檔案名稱**、**存檔類型** 選擇 Adobe Illustrator (*.AI)，按【存檔】鈕。

STEP **3** 出現 Illustrator 選項 對話方塊，請勾選 ☑ **將每個工作區域儲存至不同的檔案** 核取方塊，預設會點選 ⊙ **全部** 選項；如果點選 ⊙ **範圍** 選項，則可以指定要存成個別檔案的工作區域，請使用「逗號 (,)」分隔或「破折號 (-)」指定連續工作區域，按【確定】鈕。

STEP 4 做為儲存範例的圖稿中內含 9 個工作區域,且設定為各別儲存至檔案,完成儲存工作之後,可以開啟 **檔案總管** 找到儲存的位置即能看到結果。

包含所有工作區域的主檔案

各別工作區域的內容則
會各別儲存成不同檔案

3-4-4 轉存圖稿

使用 Illustrator 設計的圖稿可以轉存為各種檔案格式,應用於 Illustrator 之外的軟體中。這些格式稱為「非原生格式」,因為如果在 Illustrator 中重新開啟轉存的檔案,Illustrator 無法擷取所有資料。因此,在設計工作未完成之前,建議先將圖稿存成 AI 格式,待完成之後再將其轉存為所需的格式。

STEP 1 執行 **檔案 > 轉存 > 轉存為**…指令。

STEP 2 出現 **轉存** 對話方塊,選擇存放檔案的位置、輸入 **檔案名稱**,**存檔類型** 選擇 JPEG (*.JPG),按【轉存】鈕。

STEP 3 出現 **JPEG 選項** 對話方塊,設定所要的選項,例如:影像的 **色彩模式**、**品質** 與 **解析度**…等,按【確定】鈕。

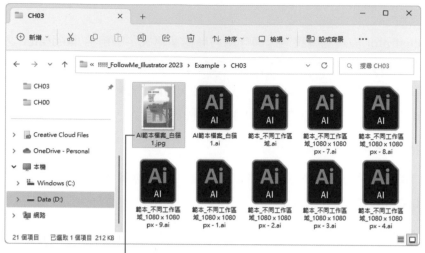

已轉存成 JPEG 檔案

3-5 開啟已經存在的檔案

如果要檢視或編輯已經存在的 Illustrator 圖稿，可以使用 **開啟舊檔**、**打開最近使用過的檔案** 指令。

3-5-1 開啟舊檔

使用 **開啟舊檔** 指令開啟檔案時，是依照附加檔案所代表的格式來開啟，如果檔案實際內容與附加檔名格式不一致，則無法順利開啟檔案。

STEP **1** 點選 **檔案 > 開啟舊檔** 指令。

STEP **2** 出現 **開啟** 對話方塊，於 **搜尋位置** 下拉式選單中選取圖稿所存放的路徑，選擇 **檔案類型**，點選要開啟的檔案，按【開啟】鈕。

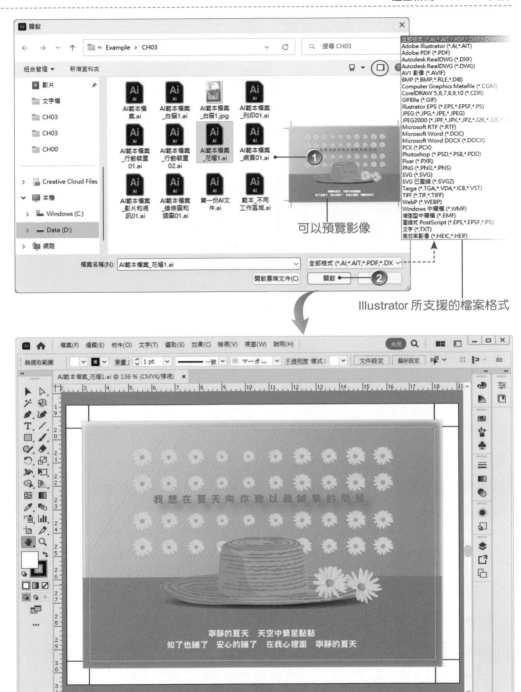

可以預覽影像

Illustrator 所支援的檔案格式

3-5-2 打開最近使用過的檔案

　　點選 **檔案 > 打開最近使用過的檔案** 指令，清單中會列出最近 20 個曾經開啟過的檔案名稱；點選要開啟的檔案即會直接開啟，是開啟常用檔案的捷徑。

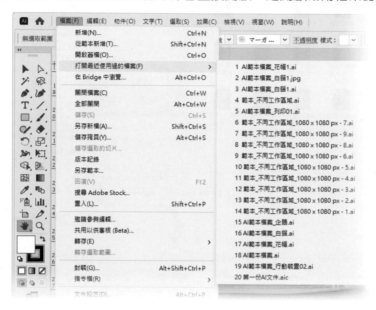

3-6 變更文件的顯示倍率

　　視窗的大小可以使用滑鼠拖曳視窗邊框方式來調整，但圖稿的顯示倍率並不會隨之更改。編修圖稿的時候，有數種方法可以視需要放大、縮小圖稿的顯示倍率，以利編輯作業。

3-6-1 放大鏡工具

　　使用 **放大鏡工具** 可以縮放圖稿，也可以放大顯示指定的區域。

STEP 1　點選 **工具** 面板中的 **放大鏡工具**。

STEP 2　這時，游標會呈現帶著「＋」的放大鏡 圖示，將其移到圖稿上方，每按一下即會放大顯示影像；文件的 **標題列** 會呈現目前顯示比例。

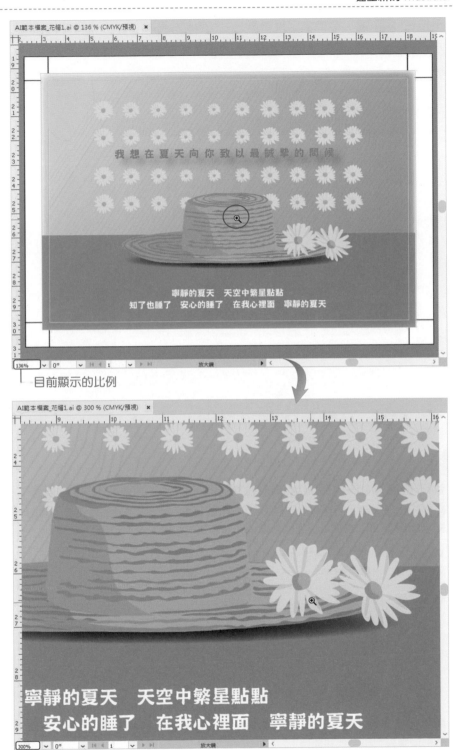

目前顯示的比例

放大顯示

STEP **3** 如果按住 `Alt` 鍵，游標會呈現帶著「－」的放大鏡 🔍 圖示，將其移到圖稿
上方，每按一下即會縮小顯示影像。

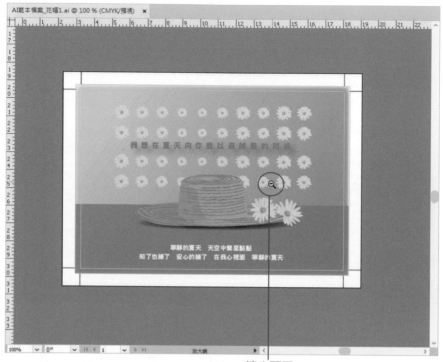

縮小顯示

執行 **檢視** 功能表中的 **放大顯示** 或 **縮小顯示** 指令，或是按 `Ctrl` + `=`、
`Ctrl` + `-` 鍵，同樣可以調整圖稿的顯示比例。另外，透過工作區左下角的
顯示比例 選單，也可以快速調整圖稿的顯示比例。

顯示比例 是指螢幕上一個光點和影像中每一個 **像素（Pixel）** 的比例關係，而
非影像實際列印尺寸的比例。

> 縮放功能只會改變螢幕上的顯示，並不會改變影像實際的尺寸或解析度。

3-6-2 手形工具

當影像倍率大到超過視窗範圍時，視窗內只能顯示部分的圖稿內容，這時除了使用水平或垂直捲動軸來移動調整圖稿的顯示範圍之外，也可以使用 **手形工具** 自由移動圖稿。

STEP 1 點選 **工具** 面板中的 **手形工具** ，將游標移到影像上方，這時游標會變成一隻小手 的圖示。

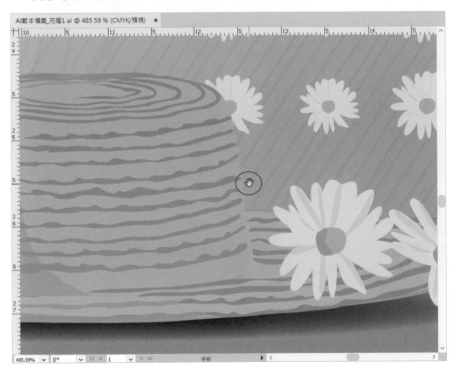

STEP **2** 按下滑鼠左鍵之後，游標會變成 ✍ 狀態；拖曳滑鼠，視窗內的影像會隨之移動。

💡 **説明**

使用 **工具** 面板中的任意工具時，如果按 ▭ 鍵，可暫時切換為
手形工具 ✋，方便你隨時移動畫面進行編輯。

4

瀏覽與管理圖稿
檔案

- 使用Adobe Bridge組織與管理影像
- 將檔案或檔案夾同步到Creative Cloud

使用 Adobe Creative Cloud 所附的 Adobe Bridge，可以統一瀏覽與管理 Adobe 所有應用程式建立的檔案、影像與動畫。若你已訂閱 Adobe Creative Cloud，除了可以透過 Creative Cloud 桌面應用程式 **下載**、**安裝** 及 **更新** 應用程式之外，也能將檔案同步至雲端並進行管理。

4-1 使用 Adobe Bridge 組織與管理影像

透過 Adobe Bridge 可以在 Adobe 的各項應用程式中組織、篩選、瀏覽及尋找想要的檔案，然後用來建立印刷品、網頁…等內容。最方便的是透過 Bridge 能夠預覽 Photoshop 的 psd、Illustrator 的 ai、InDesign 的 indd、Acrobat 的 pdf 檔案，使用方法近似於 Windows 的 **檔案總管**，最大的差別是可以讀取影像檔案中的 **中繼資料**。

在 Camera Raw 中開啟

逆時針旋轉 90 度

從相機取得相片

返回 Adobe Illustrator

返回上一步

繼續下一步

到父檔案夾或我的最愛

路徑列

顯示最近的使用項目

調整

順時針旋轉 90 度

內容區

狀態列

較小的縮圖大小

設定縮圖大小滑桿

藉由「偏好內嵌式」進行快速瀏覽影像
預視品質與產生縮圖的選項

遞增順序 / 遞減順序
打開最近使用過的檔案

切換工作區　　快速搜尋

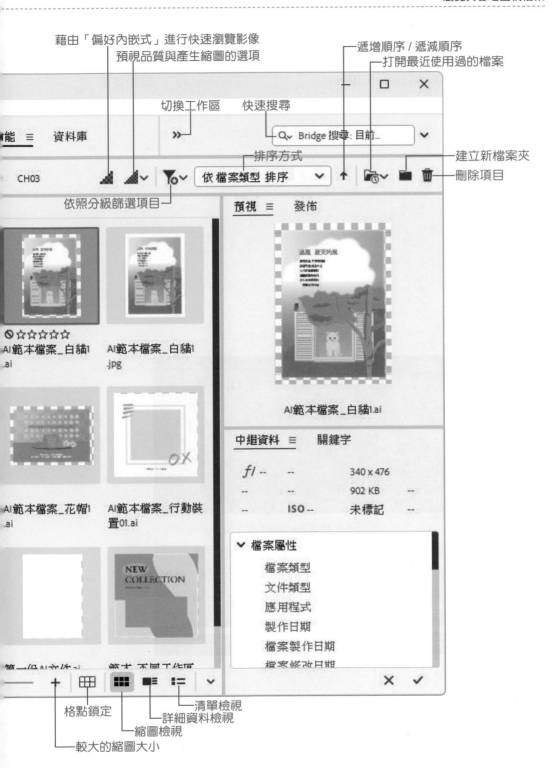

排序方式

建立新檔案夾

刪除項目

依照分級篩選項目

格點鎖定

詳細資料檢視

縮圖檢視

較大的縮圖大小

清單檢視

4-1-1 認識 Adobe Bridge 工作環境

使用可以透過二種方式開啟 Adobe Bridge。其一：如果 Illustrator 在啟用狀態，執行 **檔案 > 在 Bridge 中瀏覽** 指令；其二：在 Windows 的 **開始畫面** 中點選 **Adobe Bridge** 圖示。

在 Illustrator 中開啟 Adobe Bridge

透過「開始畫面」開啟 Adobe Bridge

● **顯示最近的使用項目**：清單會列出最近使用的檔案夾或檔案。

執行後可以清除選單中的項目

● **我的最愛** 與 **檔案夾** 面板：能夠快速存取檔案夾中的資料，**檔案夾** 會以樹狀目錄方式顯示檔案夾階層。

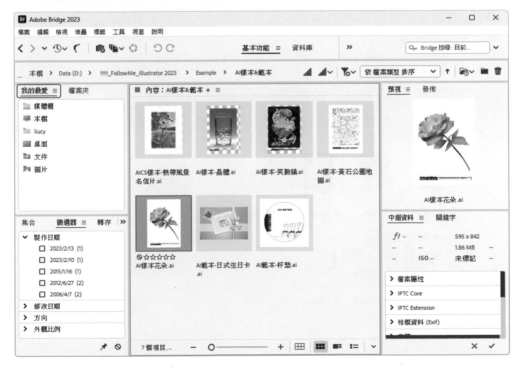

以樹狀目錄方式顯示檔案夾階層

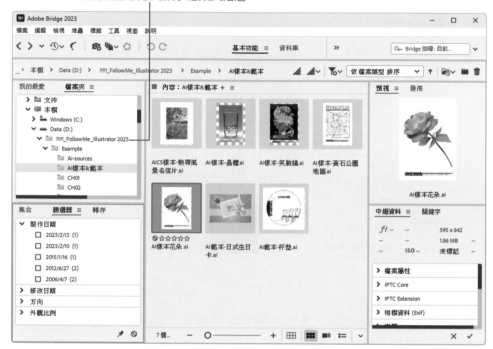

● **預視** 面板：預覽所選取的檔案，影像的顯示大小多半會大於內容區所顯示的縮圖影像。

局部放大檢視預視影像

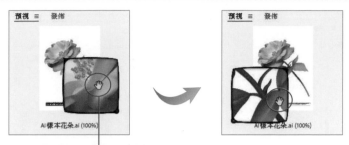

出現「手形」圖示,可以調
整局部放大檢視影像的範圍

● **中繼資料** 面板:顯示選取檔案的中繼資料資訊,包含:檔案相關屬性與
相機資訊等。若同時選取多個檔案,則僅會列出共同擁有的資料。

選取單一檔案

選取多個檔案只會顯示共同擁有的資料

● **關鍵字** 面板：可以適時地手動為影像或圖稿加入 **關鍵字**，方便管理與搜尋影像。

● **集合** 面板：將選取的照片新增到集合以方便檢視，但是原始路徑中的檔案不會受到任何更改，即使 **集合** 中的檔案分散於各檔案夾或磁碟也不會受影響；而 **智慧型集合** 是以搜尋的方式來產生 **集合** 中的檔案。

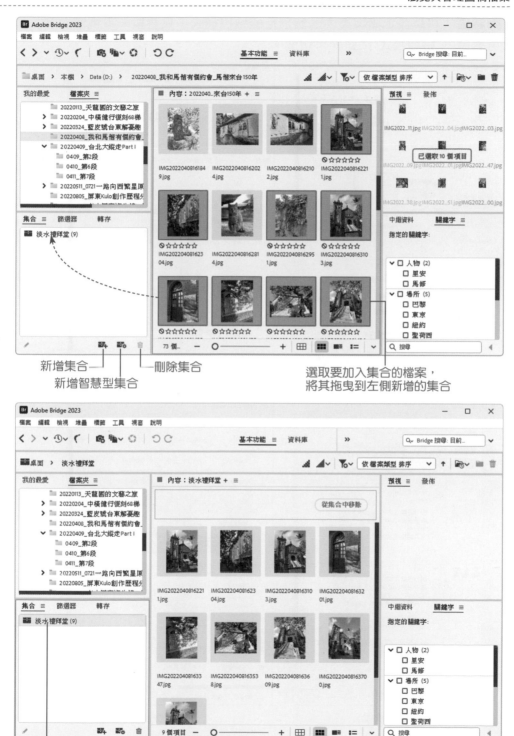

新增集合

新增智慧型集合

刪除集合

選取要加入集合的檔案，
將其拖曳到左側新增的集合

所選取的檔案已集中放在指定集合

● **內容區**：可以設定檔案夾中各個項目的檢視模式，只要按一下視窗右下角對應的 **檢視模式** 按鈕即可切換。

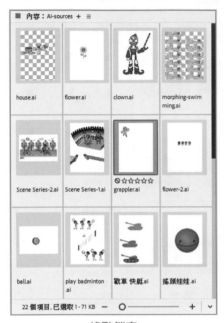

格點鎖定

縮圖檢視

詳細資料檢視

清單檢視

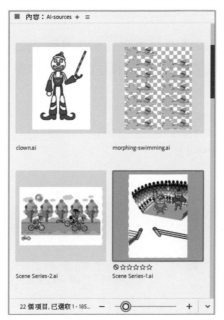

以不同的縮圖大小檢視

4-1-2　在 Adobe Bridge 中管理檔案

使用 Adobe Bridge 可以檢視、搜尋、排序、管理及處理影像檔案，也可以建立新檔案夾、替檔案重新命名、移動或刪除檔案、編輯中繼資料、旋轉影像…等操作。

開啟影像

如果要開啟指定的影像檔案，請點選要開啟的影像後按一下滑鼠右鍵，然後選擇要使用哪一種應用程式開啟。

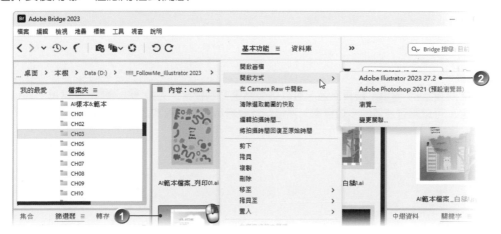

旋轉影像

　　若要執行旋轉影像的工作，請先點選要旋轉的影像，再按一下 **工具列** 上的 **逆時針旋轉 90 度** ↺ 或 **順時針旋轉 90 度** ↻ 鈕即可，影像旋轉之後並不會改變影像的品質與解析度。

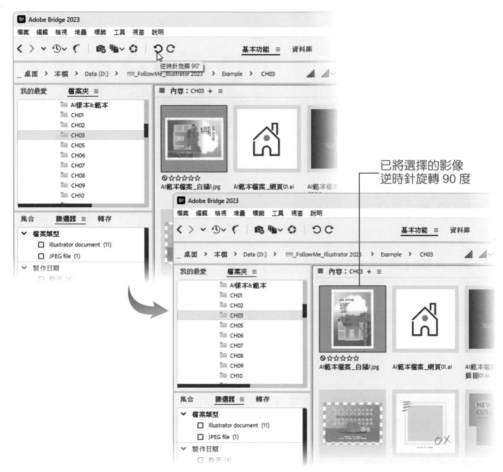

已將選擇的影像逆時針旋轉 90 度

說明

搭配鍵盤上的 Ctrl 鍵再點選，可以跳著點選多個檔案；先按 Shift 鍵再點選，可以點選連續的多個檔案，然後同時執行數個影像檔案的旋轉工作。

刪除影像

如果要刪除某些製作或拍攝失敗的元素、影像和檔案夾，請先點選之後，按一下 **刪除 🗑** 鈕，會出現提示訊息，確定要刪除請按【確定】鈕，但是刪除的檔案並沒有從電腦的硬碟中移除，會暫時存放在 **資源回收筒**；如果反悔，還可以從 **資源回收筒** 復原。

將影像檔案重新命名

將手機、數位相機或是相片光碟中的影像檔案，複製到硬碟準備開始編輯之前，會看到一堆以英文、數字為檔案名稱的檔案，不免頭疼！這時，可以透過 **重新命名批次處理** 指令替它們重新命名。

STEP 1 選取要重新命名的影像檔案，點選 **工具 > 批次重新命名** 指令。

STEP 2 出現 **重新命名批次處理** 對話方塊，在 **新增檔名** 下拉清單中點選 **文字** 項目；再於方塊中直接輸入要變更的名稱，例如：**20220324 藍皮解憂號 _**。

STEP 3 第二個條件請選擇 **順序編號** 並輸入起始編號，例如：**1**；接著，選擇起始編號是要由幾碼組成，本例為：**三碼**，完成條件的設定之後，請按【重新命名】鈕。

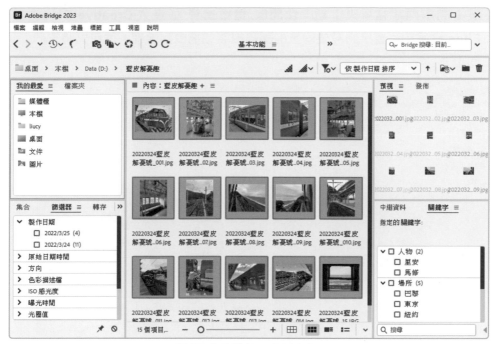

所選取的影像檔已重新命名

4-2　將檔案或檔案夾同步到 Creative Cloud

只要擁有 Adobe Creative Cloud 會籍，無論是訂閱 Creative Cloud 攝影計劃、單一應用程式計劃、完整計劃，或是試用其中任一應用程式的使用者，都能在登入之後取得至少 2GB 的雲端儲存空間，讓你可隨時在任何裝置或電腦上使用、預覽檔案，這些檔案類型包含：PSD、AI、INDD、JPG、PDF、GIF、PNG…等。

4-2-1　使用桌面應用程式同步並上傳檔案

使用 Adobe Creative Cloud 桌面應用程式，可以將指定的檔案夾和檔案設定保持同步，任何新增、修改或刪除檔案的操作，都會反映在所有連線和登入的電腦和裝置上。

STEP **1**　快按二下 Windows **桌面** 上的 **Adobe Creative Cloud** 捷徑圖示，開啟 Creative Cloud 視窗，切換到 **檔案** 頁面。

STEP **2** 按【開啟同步檔案夾】鈕，會開啟 **檔案總管** 並進入 **Creative Cloud Files** 檔案夾；直接將需要同步的圖稿複製或拖曳到這裡，就可以將它們同步。

選取並複製要同步的檔案

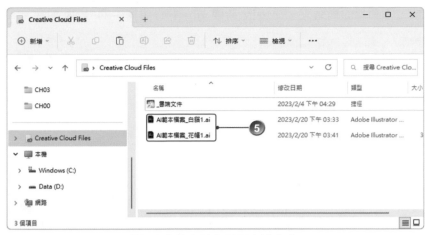

將選取的檔案貼上到同步檔案夾

STEP **3** 如果進到步驟 1 的畫面時，切換到 **檔案** 頁面後先按 **新建** 鈕，再執行清單中的 **建立新檔案夾** 指令，可以將檔案上傳到雲端。

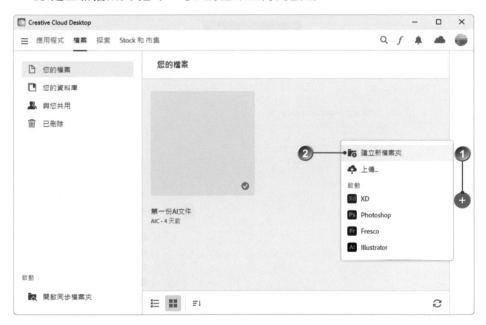

STEP **4** 出現 **建立新檔案夾** 對話方塊，輸入檔案夾名稱，按【儲存】鈕。

STEP **5** 先快按二下新增的檔案夾，然後按 **新建** 鈕，執行清單中的 **上傳** 指令。

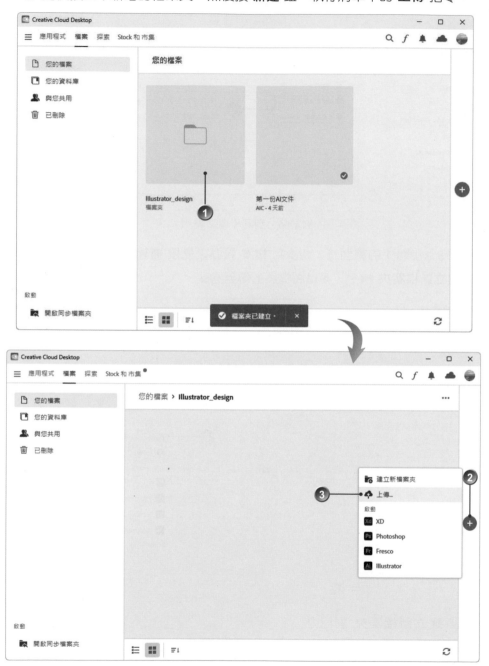

STEP 6 出現 **開啟檔案** 對話方塊，點選要同步或上傳的檔案，按【開啟】鈕；接著，請依畫面上的指示操作。

檔案上傳中

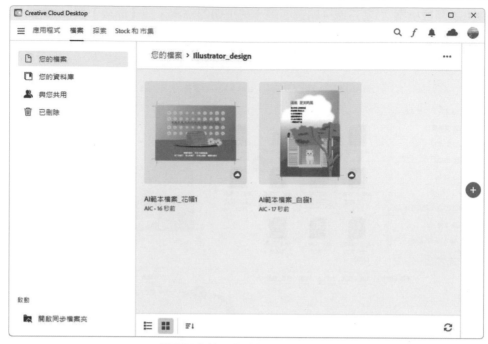

檔案已上傳到指定的雲端檔案夾

　　使用者在 Adobe Stock 下載的範本（請參考 3-1-2 節），會存放在 **雲端檔案夾** 的 **您的資料庫 > Stock 範本** 中。

按下視窗左上角的 **其他選項** 鈕，執行 **檔案 > 前往 Creative Cloud 網頁版** 指令，可以透過瀏覽器檢視雲端上的檔案。

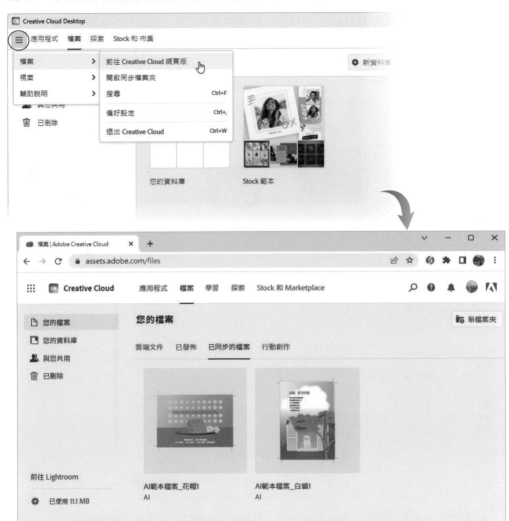

說明

💧 檔案同步並上傳之後，可以按一下 Creative Cloud Desktop 視窗的右上角的
使用者圖示，透過 **偏好設定** 選擇是否要 **暫停檔案同步**，或進行其他設定，清
單中也會顯示雲端空間的使用比例與檔案同步的狀態。

💧 每次進行檔案同步、上傳的動作之後，系統的 **通知區域** 都會顯示相關訊息。

4-2-2 管理雲端檔案夾與檔案

不管是檔案或檔案夾，上傳之後可以 **重新命名** 或者 **移動** 調整位置。

管理檔案夾

管理檔案

Note...

5

選取與排列物件

- 關於圖層
- 選取基本範圍內的物件
- 選取不規則範圍內的物件
- 物件的搬移與複製
- 旋轉與變形物件
- 任意變形物件
- 還原與重做

　　Illustrator 的 **工具** 面板中提供多元又好用的繪圖與編修工具，可以輕鬆繪製出各種精緻、美觀又專業的向量圖形。所繪製的圖形物件，還可以任意調整擺放的位置、修改大小、填入不同色彩，或藉著 **拷貝、旋轉**…等各式功能指令，畫出一系列的圖形組合。

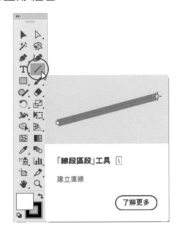

Illustrator 2023 版本
將滑鼠游標指到「工
具」面板內的任意工
具，會顯示該工具的
功能示與手操作動畫

5-1 關於圖層

　　繪製複雜的圖稿時，如果要一一記錄所有使用到的圖形物件，並不是件容易的事！尤其有些較小的圖形物件，常常是隱藏在較大的圖形物件後方，選取編修時會變得相當困難！若能透過 **圖層** 協助你管理構成圖稿的所有圖形物件，事情就變得簡單許多！

　　圖層 就相當於將數張透明的投影片，由下往上堆疊；每一張投影片可以放置不同的影像或物件，然後合成為新影像。由於每一個 **圖層** 的內容都是獨立的，所以可切換顯示各種不同的組合效果；你可以使用各種女編輯或繪圖工具，在指定圖層的圖稿上進行編輯作業。

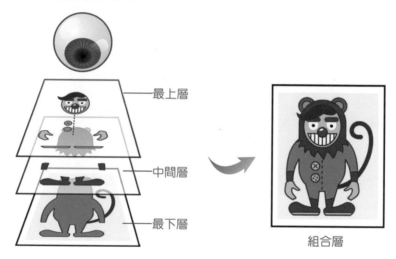

- 最上層
- 中間層
- 最下層

組合層

　　圖稿中圖層的結構可以依照需求變得簡單或複雜。預設情況下，所有的項目都整合組織在單一主圖層中；但是，你可以建立新圖層，然後將部分物件移到其中，或隨時將一個圖層中的物件移動到另一個圖層。**圖層** 面板提供簡易的方法，可以選取、顯示 / 隱藏、鎖定及變更圖稿的外觀屬性；甚至還可以建立 **範本圖層**，用來描繪圖稿或與 Photoshop 交換圖層。

5-1-1 認識圖層面板

　　Illustrator 預設環境已將 **圖層** 面板以圖示的方式顯示在視窗右側，只要點選 **圖層面板** ◆ 鈕，或執行 **視窗 > 圖層** 指令，或按 F7 鍵，都能將其開啟。

目前的工作圖層

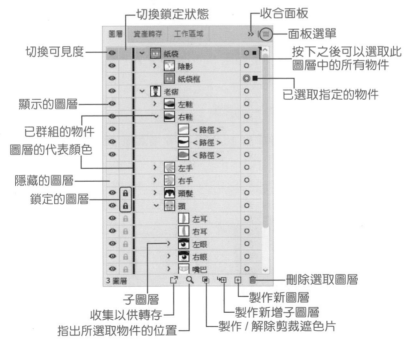

切換鎖定狀態

收合面板

切換可見度

面板選單

按下之後可以選取此圖層中的所有物件

顯示的圖層

已選取指定的物件

已群組的物件

圖層的代表顏色

隱藏的圖層

鎖定的圖層

刪除選取圖層

子圖層

製作新圖層

收集以供轉存

製作新增子圖層

指出所選取物件的位置

製作 / 解除剪裁遮色片

按 **面板選單** ≡ 鈕之後，若執行 **面板選項** 指令，可以在 **圖層面板選項** 對話方塊中，調整 **圖層** 面板上的物件縮圖的大小，以及要顯示的層級。

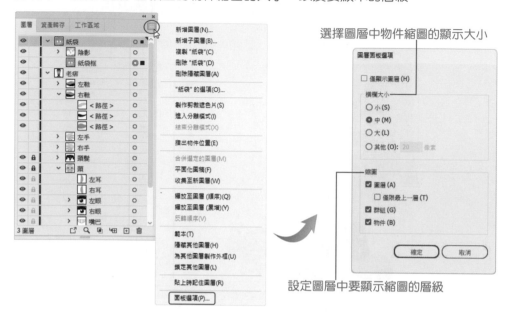

選擇圖層中物件縮圖的顯示大小

設定圖層中要顯示縮圖的層級

5-1-2　新增圖層與複製物件

新建立的圖稿中預設值只有一個圖層，Illustrator 會自動命名為 **圖層 1**。若要在圖稿上新增圖層，請參考下列說明。

STEP **1** 範例檔案中已在 **圖層 1** 繪製一組圖案。

STEP **2** 點選 **圖層** 面板上的 **面板選單** ≡ 鈕，執行 **新增圖層** 指令；或按 **製作新圖層** ⊞ 鈕。

STEP 3 出現 **圖層選項** 對話方塊，可以輸入圖層 **名稱**，預設為 **圖層 N**；視需要從清單中選擇此圖層的代表 **顏色**，或按「色彩方塊」透過 **色彩** 對話方塊設定；按【確定】鈕。

> 因為「圖層 1」為作用中圖層，所以新增的圖層－「圖層 2」會位於它的上方

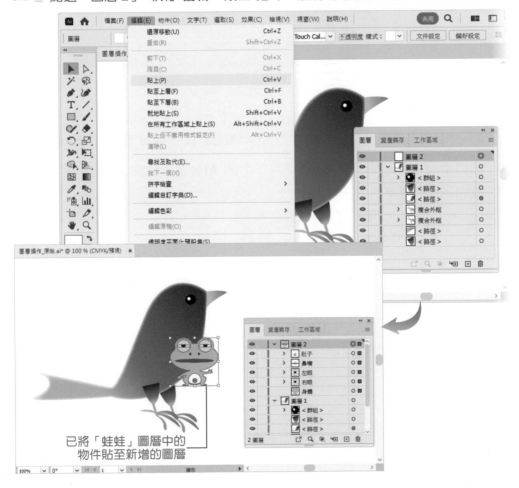

STEP 4 點選「圖層 2」，執行 **編輯 > 貼上** 指令，能將所 **複製** 的物件貼至新圖層中。

已將「蛙蛙」圖層中的物件貼至新增的圖層

說明

- 如果是使用按 **製作新圖層** ⊞ 鈕的方式建立新圖層，不會開啟 **圖層選項** 對話方塊。

- 除了可以透過 **新增圖層** 指令來產生新圖層之外，在圖稿中建立圖形或文字時，也會自動產生 **路徑** 或 **文字** 圖層；置入 影像的時候，則會將影像放置在 **影像** 圖層。

- 若在步驟 2 是執行 **新增子圖層** 指令，或按 **製作新增子圖層** ⊞ 鈕，則會在選取（作用中）的圖層下方新增子圖層，如此可便於管理相同類型的物件。

新增的子圖層

5-1-3 刪除圖層

想要刪除多餘的圖層、群組或各別物件，同樣可以透過 **圖層** 面板來操作。

- 點選要刪除的圖層，按 **圖層** 面板下方的 **刪除選取圖層** 🗑 鈕，即可刪除指定的圖層。

● 在 **圖層** 面板中點選要刪除的圖層，按 **面板選單** 鈕，執行 **刪除 " 圖層名稱 "** 指令。

如果要刪除的圖層中內含影像、物件…等，執行時會出現如下圖所示的警告訊息，確定要刪除，請按【是】鈕。

5-1-4 重新命名圖層

建立新圖層的時候，如果沒有輸入圖層的 **名稱**，預設會以 **圖層 1**、**圖層 2**、…、**圖層 N** 來命名。圖層新增之後，為了在編輯時容易辨識圖層中所含的物件內容，建議重新命名。

將圖層重新命名的方法很簡單，只要連按二下要重新命名的「圖層名稱」，名稱會呈現反白選取狀態，直接輸入或修訂名稱，按 Enter 鍵即可。

在圖層名稱上連按二下　　　　　　　　圖層已重新命名

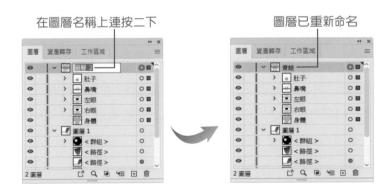

5-1-5 顯示 / 隱藏圖層

為了方便編輯作業，可以視需要 **顯示 / 隱藏** 圖層。最快的方法是先在 **圖層** 面板上選取圖層，再點選 **切換可見度** 欄位。

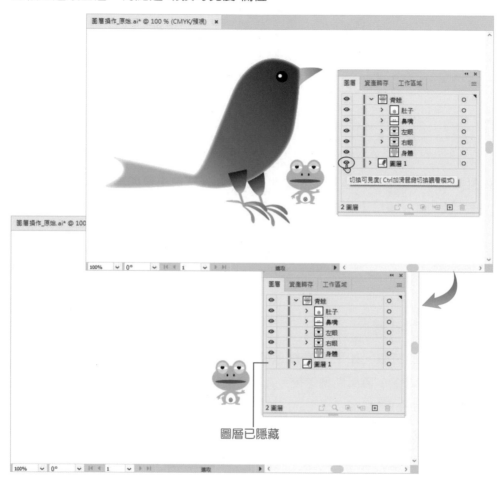

圖層已隱藏

5-1-6 鎖定 / 解鎖圖層

編修圖稿的過程中，可以將圖層完全或部分鎖定，以免破壞已經編修妥當的圖形物件。若想編輯已鎖定的圖層，就必須先把該圖層解鎖，否則無法對已鎖定的圖層做任何動作。最快的方法是先在 **圖層** 面板上選取圖層，再點選 **切換鎖定狀態** 欄位。

此圖層已鎖定

無法編輯與選取鎖定的物件

5-1-7 改變圖層或物件的顯示順序

圖層或物件的顯示順序會影響影像最終的結果，繪圖中如果要改變圖層或物件的顯示順序，只要在 **圖層** 面板上選取後，使用滑鼠將其拖曳放置於適當的位置即可。

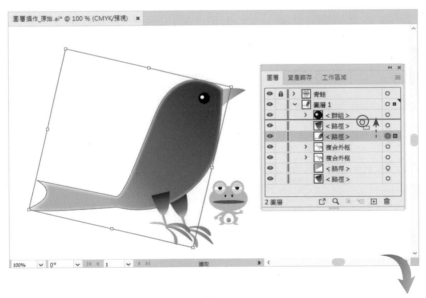

上方圖層或物件會遮蓋下方圖層或物件

5-1-8 組合、合併與平面化

當圖稿中的某一圖層內含太多物件，可以使用 **收集至新圖層** 指令將其組合至新圖層，方便編輯與辨識。

STEP **1** 先按 `Ctrl` 或 `Shift` 鍵，選取要組合至新圖層的所有物件。

STEP **2** 按 **面板選單** 鈕，執行 **收集至新圖層** 指令，即可將所選取的物件組合在新圖層中。

STEP **3** 視需要將此新圖層重新命名。

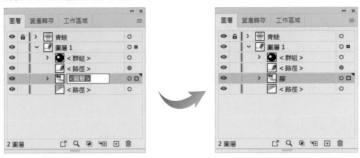

　　由於增加圖層會增加檔案對記憶體的占用，對於沒有必要分開的圖層可以在選取之後，使用 **合併選定的圖層** 指令予以合併，以縮小檔案尺寸。

合併圖層之後，視需要可以再將圖層重新命名

　　若是執行 **平面化圖稿** 指令，會將圖稿中所有可見的項目合併到單一圖層中。

5-2　選取基本範圍內的物件

在 Illustrator 編修圖稿時，必須先告訴電腦要進行編輯的區域－**選取範圍**，這個區域之內才可以執行各種編輯工作。如此，不但可以精確的進行修改，也可以保護範圍以外的物件，使其不受影響。

5-2-1　使用選取工具

選取工具 ▶ 可以用來選取單一物件、多個物件，以及群組物件。

選取單一物件

STEP **1**　開啟範例檔案「花 .ai」，點選 工具 面板中的 **選取工具** ▶。

STEP **2**　在沒有選取任何物件之前游標為 ▶ 狀態，在所要選取的目標物件上按一下滑鼠左鍵，即可選取指定的物件。

被選取的物件

STEP **3**　將滑鼠游標移到圖稿的空白處按一下，可以取消選取物件。

STEP **4**　如果所選取的目標物件已經 **群組** 起來，則點選之後會選取群組中的所有物件。

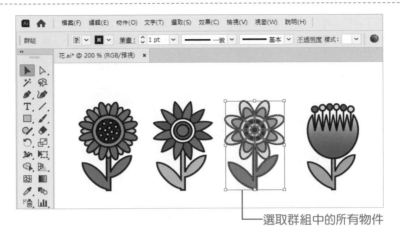

選取群組中的所有物件

選取多個物件

● 點選 **選取工具** ▶ 後，按住 Shift 鍵，可以選取多個物件。

按住 Shift 鍵選取多個物件

● 點選 **選取工具** ▶ 後，按住滑鼠左鍵拖曳，可以「框選」方式選取多個物件（單一或群組物件）。

● 當你想取消選取已選取的多個物件中的某些物件時,請先按住 Shift 鍵不放,再點選要取消選取的物件。

說明

● 若要選取圖稿的所有物件,請執行 **選取 > 全部** 指令,或按 Ctrl + A 鍵。

● 執行 **選取 > 反轉選取** 指令,可以選取「已經建立選取範圍」之外所有工作區域上的物件。

● 執行 **選取 > 取消選取** 指令,可以取消物件的選取;取消之後,如果再執行 **選取 > 重新選取** 指令,則會回到之前所選的範圍。

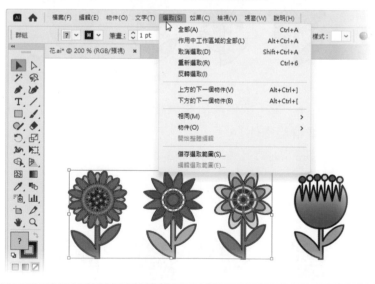

5-2-2 使用直接選取工具

透過 **直接選取工具** ▷ 不但可以選取物件，還可以選取路徑線段、錨點等物件中較細微的部分。

STEP **1** 點選 **工具** 面板中的 **直接選取工具** ▷，在沒有選取任何物件之前游標為 ▷ 狀態。

STEP **2** 將滑鼠游標移動到物件上方，此時游標若呈現 ▷ 狀態，按一下滑鼠左鍵可選取某一路徑物件。

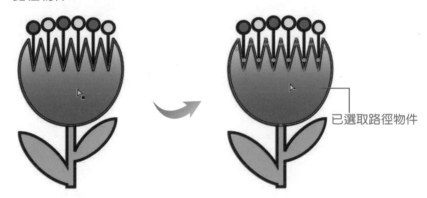

已選取路徑物件

STEP **3** 若游標呈現 ▷ 狀態，按一下滑鼠左鍵可選取該物件的特定錨點；如果錨點所在的區段含有曲度，則會同時出現 **方向控制把手**。

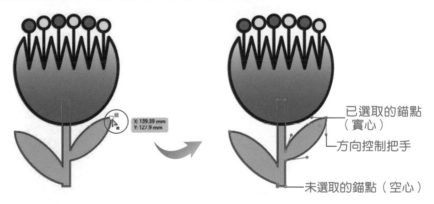

已選取的錨點
（實心）

方向控制把手

未選取的錨點（空心）

STEP **4** 拖曳選取的 **線段**、**錨點** 與 **方向控制把手**，即可改變物件的造型。

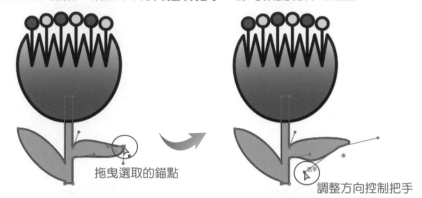

拖曳選取的錨點　　　　　　　調整方向控制把手

💬 **說明**

使用 **直接選取工具** 再搭配 Shift 鍵，可以選取多個錨點。

5-2-3　使用群組選取工具

使用 **群組選取工具** 可以選取群組內的物件、多重群組中的子群組物件，或是圖稿中的一組群組物件。每點選一次，都會增加來自階層中下一個群組的所有物件。

STEP **1** 點選 **工具** 面板中的 **群組選取工具** ，在沒有選取任何物件之前游標為 狀態。

STEP **2** 將滑鼠游標移動到物件上方，點選群組物件中的某一物件，只會選取群組中的單一物件。

STEP **3** 在選取的單一物件上，再按一下滑鼠左鍵，則會一併選取相同群組內的其他物件；再按一下滑鼠左鍵，則會選取階層中下一個群組的所有物件。

說明

使用滑鼠再搭配 Alt 鍵點選 **工具** 面板中的工具組,可以快速切換到同類型的不同工具。

5-2-4 使用圖層面板選取物件

當圖稿中所含的物件太多,並且分屬於不同圖層時,若要透過 **選取工具** ▶ 點選要編輯的物件,可能無法準確選取。這個時候透過 **圖層** 面板協助操作是個好方法。

STEP 1 在 **圖層** 面板中展開圖層或群組,尋找要選取的物件。

STEP 2 找到之後,只要按一下對應的目標欄位,即能選取指定的物件。被選取物件的「目標」圖示會呈雙圓圈(◎ 或 ●),右側也會出現與圖層色彩一致的正方形圖示。

STEP 3 如果要同時選取該圖層中的多個物件,請先按住 Shift 或 Ctrl 鍵再以滑鼠點選對應的目標欄位。

STEP 4 選取物件之後,即可使用各式編輯或繪圖工具進行圖稿的編修工作。

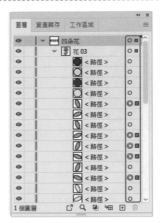

被選取的物件會呈現帶著錨點的框線

📌 說明

如果已選取圖稿中的某一物件，想要知道它位於哪一個圖層（在收合狀態），可以按下 圖層 面板下方的 指出物件位置 🔍 鈕，快速找到物件所在位置並呈現對應的物件。

快速找到物件所在的圖層位置

5-3　選取不規則範圍內的物件

　　若要選取不規則範圍內的所有物件，可以使用 **套索工具** 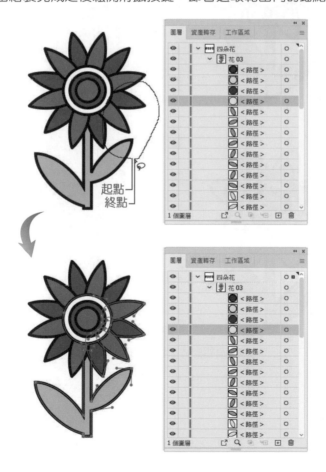@ 或 **魔術棒工具** ⚡ 進行選取。

5-3-1　使用套索工具

　　套索工具 @ 可以徒手繪製的方式，自由地選取部分或全部物件，以及多個錨點和路徑線段。

STEP **1** 點選 **工具** 面板中的 **套索工具** @，在未選取任何物件之前游標為 ◌ 狀態。

STEP **2** 使用滑鼠在圖稿上任意畫出選取範圍。

STEP **3** 選取範圍繪製完成之後鬆開滑鼠按鍵，即會選取範圍內的錨點和路徑區段。

5-3-2 使用魔術棒工具

　　魔術棒工具 是透過顏色來選取相似屬性的物件。它可以用來選取相近的 **填色顏色**、**筆畫顏色**、**筆畫寬度**、**不透明度** 或 **漸變模式** 的物件。

STEP **1** 點選 工具 面板中的 **魔術棒工具**，在沒有選取任何物件之前，滑鼠游標為 狀態。

STEP **2** 直接在圖稿上點選要選取的色彩區域。

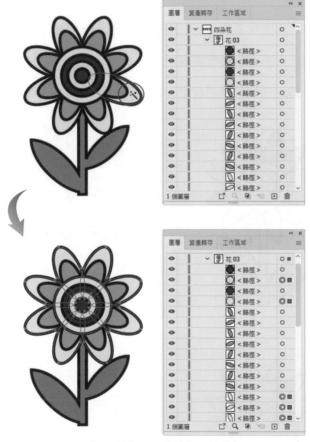

已選取所有相同「填色」的物件

5-4 物件的搬移與複製

編輯圖稿時常會 **剪下** 或 **拷貝** 某些物件，這些動作都會透過作業系統的 **剪貼簿** 來存放。**剪貼簿** 可以看成是存放各類資料的暫存區，執行 **剪下**、**拷貝** 動作時，資料即會放到 **剪貼簿**，但每一次只能存放一份資料。

5-4-1 搬移物件

除了可以使用滑鼠拖曳的方式，調整已選取物件的位置之外，也可以透過按鍵盤上的 ⬆️、⬇️、⬅️、➡️ 鍵微調物件位置，或透過 **移動** 對話方塊調整。

使用鍵盤按鍵

選取要調整的物件，按鍵盤上的 ⬆️、⬇️、⬅️、➡️ 鍵，可以微調的方式移動物件。每次移動的範圍為預設的 **鍵盤漸增** 值— 1 pt（0.3528 mm）；若先按住 Shift 鍵再配合 ⬆️、⬇️、⬅️、➡️ 鍵，則移動值為 **偏好設定** 對話方塊中 **鍵盤漸增** 值的 10 倍。

自由拖曳

STEP 1 開啟要編修的檔案，使用 **選取工具** ▶ 點選要調整的物件。

STEP 2 按住滑鼠左鍵，將物件拖曳到所要擺放的位置後鬆開滑鼠按鍵。

5-4-2 複製物件

複製物件的方法有很多種,可以視情況採用不同方式複製所需的物件。

拷貝與貼上指令

複製物件的來源可以是相同的檔案或另一個檔案,但無論來源為何,皆能**貼上**到「作用中」的圖稿、工作區域或另一個檔案。

STEP **1** 選取要複製的物件,執行 **編輯 > 拷貝** 指令。

STEP **2** 執行 **編輯 > 貼上** 指令，即會複製一個所選取的物件放在作用中文件視窗的中央。

快速複製

STEP **1** 選取要複製的物件，將滑鼠游標移到選取的物件上方，先按住 **Alt** 鍵（此時游標會呈現 ▸ 狀態）。

STEP **2** 以滑鼠拖曳至定點後鬆開滑鼠按鍵，即可產生一個相同的物件。

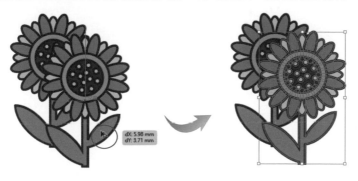

STEP **3** 如果以執行過一次物件的「拷貝」，只要按 `Ctrl` + `D` 鍵，可以相對位
置反覆複製物件而產生多重影像。

説明

執行過 **拷貝** 指令後，透過 **貼至上層** 或 **貼至下層** 指令，可以指定貼上的物件要
位於選取物件之上層或下層；**就地貼上** 指令，會貼上到與複製來源相同的圖層位
置；在所有工作區域上貼上 指令，會在所有工作區域中都貼上一個複製的物件。

5-5 旋轉與變形物件

進入實際繪製物件的課題之前，先來練習修改物件的方法，熟練如何使用各
式變形功能改造物件之後，日後就能輕鬆地應用到所有的基本圖件。旋轉與變形
物件的功能，除了可以使用對應的工具之外，其對應的指令全部都集中在 **物件 >
變形** 功能表中，但是在執行前必須「先選取物件」，否則無法操作！

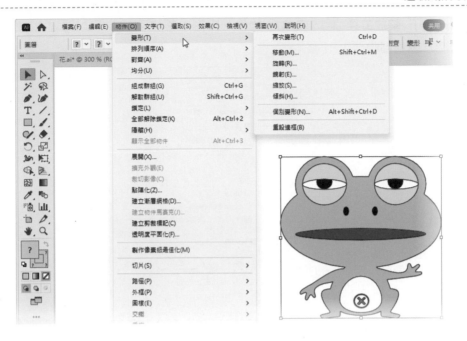

5-5-1 使用縮放工具

使用 **縮放工具** 可以改變物件大小，預設是以物件的「中心點」（參考點）做為放大或縮小物件的依據。

STEP **1** 選取要調整的物件，然後點選 **縮放工具** 。

STEP **2** 如果要以物件預設的參考點為依據縮放，只要直接拖曳該物件的任意處即可調整物件大小；若要等比例縮放物件，請先按住 Shift 鍵再拖曳。

中心點
（參考點）

往參考點內側拖曳，縮小物件

往參考點外側拖曳，放大物件

STEP **3** 快按二下 **縮放工具** 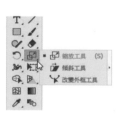，或執行 **物件 > 變形 > 縮放** 指令，可以透過 **縮放** 對話方塊調整物件大小。

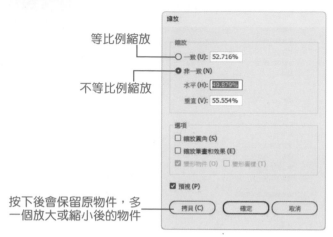

等比例縮放

不等比例縮放

按下後會保留原物件，多一個放大或縮小後的物件

🔖 **說明**

使用 **選取工具** ▶ 點選要調整的物件之後，以滑鼠按住選取框任一角落控制點後拖曳，可以等比例縮放物件；若是按住選取框邊緣上的任一控制點後拖曳，可以變形縮放物件。

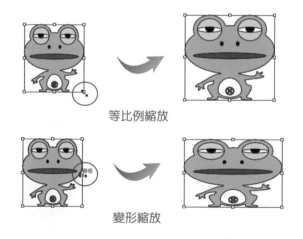

等比例縮放

變形縮放

5-5-2　使用傾斜工具

　　使用滑鼠拖曳的方式，同樣可以調整物件的傾斜角度，或是透過 **變形** 面板、**傾斜** 對話方塊設定。預設是以物件的「中心點」（參考點）做為傾斜物件的依據。

STEP 1 選取要調整的物件，然後點選 **傾斜工具** 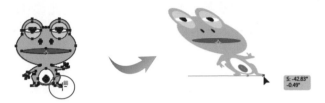。

STEP 2 使用滑鼠拖曳物件的控制點或邊框調整傾斜角度，滿意之後鬆開滑鼠按鍵。

STEP 3 快按二下 **傾斜工具** ，或執行 **物件 > 變形 > 傾斜** 指令，可以透過 **傾斜** 對話方塊調整物件大小。

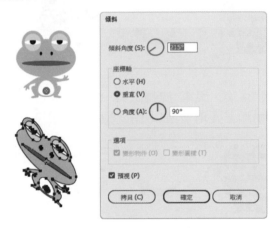

STEP 4 執行 **視窗 > 變形** 指令，開啟 **變形** 面板。透過 **變形** 面板，可以輸入 **傾斜角度** 來變形物件。

可以變更參考點位置

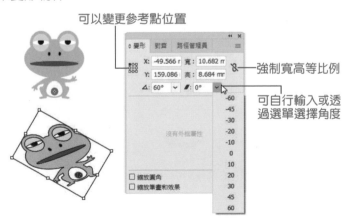

強制寬高等比例

可自行輸入或透過選單選擇角度

5-5-3　使用旋轉工具

　　旋轉指定物件的時候，預設是以物件的「中心點」（參考點）環繞轉動。如果同時選取多個物件，物件只會在單一參考點周圍旋轉，而此參考點預設是選取範圍或邊框的中心點。Illustrator 提供多種旋轉物件的方法，使用者可以依據習慣擇一使用。

● 使用 **選取工具** ▶ 選擇要調整的物件，再將游標靠近選取框上的任一控制點，按住滑鼠左鍵拖曳即可旋轉。

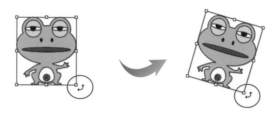

● 選取要調整的物件後，點選 **旋轉工具** ↻，預設值是依據物件的「中心點」來旋轉物件，使用滑鼠以環形方向拖曳即可旋轉物件。

◆ 先按住 Shift 鍵，再使用滑鼠拖曳控制點，會以 45 度的倍數來旋轉物件。

◆ 如果要旋轉並同時拷貝物件，請在開始拖曳之後，按住 Alt 鍵，到指定角度後鬆開再使用滑鼠拖曳。

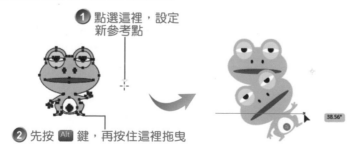

❶ 點選這裡，設定新參考點

❷ 先按 Alt 鍵，再按住這裡拖曳

● 快按二下 **旋轉工具** ，或執行 **物件 > 變形 > 旋轉** 指令，可以透過 **旋轉** 對話方塊調整物件。

● 透過 **變形** 面板，可以輸入 **旋轉角度** 變形物件。執行 **視窗 > 變形** 指令，開啟 **變形** 面板。

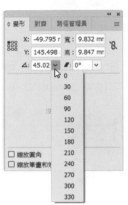

5-5-4 使用鏡射工具

鏡射物件會將物件翻轉跨過所指定的一個隱藏軸，就是所謂的水平翻轉或垂直翻轉，若以預設的「中心點」來鏡射物件並不會改變原物件的位置。如果要建立一個物件的鏡中影像，可以在執行鏡射時拷貝物件。

● 使用 **選取工具** ▶ 選擇要調整的物件，將游標移至選取框上的任一控制點，先按住 Alt 鍵再按住滑鼠左鍵向對角方向拖曳，即可完成鏡射翻轉的動作。

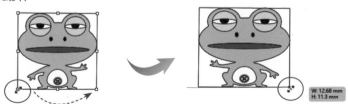

- 選取要調整的物件後，點選 **鏡射工具** ，先設定參考點，再點選物件上的鏡射點以弧形方向拖曳即可鏡射物件。

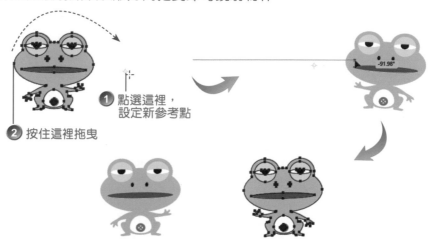

① 點選這裡，
　設定新參考點

② 按住這裡拖曳

- 快按二下 **鏡射工具** ，或執行 **物件 > 變形 > 鏡射** 指令，可以透過 **鏡射** 對話方塊水平或垂直鏡射物件。

水平鏡射

說明

當你使用 **選取工具** 點選物件之後，如果沒有顯示「物件選取框」，請按 Shift + Ctrl + B 鍵，或執行 **檢視 > 顯示邊框** 指令。

5-6　任意變形物件

　　點選 **任意變形工具** 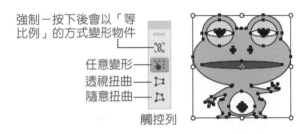 時，會自動顯示 **觸控列**（方便觸控裝置使用），可以透過游標提示更直覺的將物件任意變形。

STEP **1**　先選取要變形的物件，再點選 **任意變形工具** ，這時工作區域中會伴隨顯示浮動的 **觸控列**。

強制－按下後會以「等比例」的方式變形物件

任意變形

透視扭曲

隨意扭曲

觸控列

STEP **2**　點選 **觸控列** 上的 **任意變形** 鈕，將游標移到物件框上的八個控制點上方或靠近控制點，即可依據游標的提示按住滑鼠左鍵拖曳，可以 **放大**、**縮小**、**旋轉** 或 **傾斜**…等方式將物件變形。

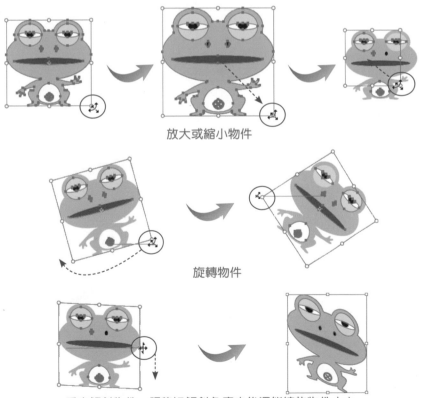

放大或縮小物件

旋轉物件

垂直傾斜物件，調整好傾斜角度之後還能縮放物件大小

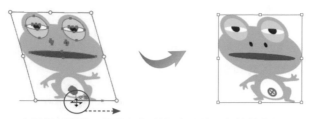

水平傾斜物件，調整好傾斜角度之後還能縮放物件大小

STEP **3** 點選 **觸控列** 上的 **透視扭曲** ⊡ 鈕，物件的四個角落會顯示控制點，將滑鼠游標移到控制點的上方（請留意游標狀態），可以「透視扭曲」的方式變形物件。

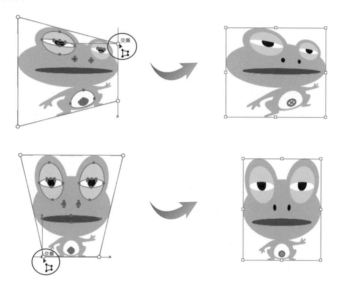

STEP **4** 點選 **觸控列** 上的 **隨意扭曲** ⊡ 鈕，物件的四個角落會顯控制點，將滑鼠游標移到控制點上方（操作時請留意滑鼠游標的狀態），可以隨意扭曲的方式變形物件。

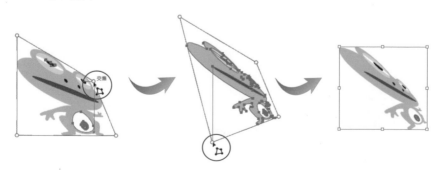

說明

觸控列 上只有 強制 和 任意變形 鈕可以同時作用。

5-7 還原與重做

使用電腦作業的好處就是錯了可以重來!進行編修作業最常使用的「編輯」指令就是 **還原** 與 **重做**,熟悉這些指令的應用方式後,在繪圖過程中如有出現做錯或失誤的情況,很快就能得到補救的機會!

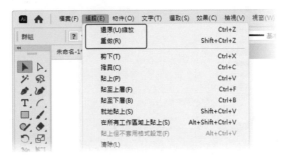

● 編修指令進行中,如果要中斷並放棄這個動作,按 Esc 鍵即能立刻中斷尚未完成的指令。

● 如果對編輯的結果不滿意,或者有失誤的情形,可以點選 **編輯 > 還原** 指令立即挽救;也可以按 Ctrl + Z 鍵。能還原多少個步驟,視記憶容量而定。

● 執行過 **還原** 動作後,可以點選 **編輯 > 重做** 指令,可重新執行上一個或數個被還原的動作;也可以按 Shift + Ctrl + Z 鍵。

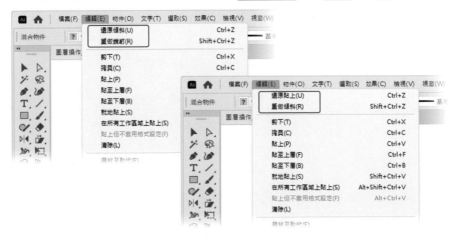

説明

◑ 如果已經將檔案儲存後關閉，就無法再透過 還原 或 重做 指令回復先前的操作。

◑ 如果要將所有的操作回到前次儲存檔案後的狀態，請執行 **檔案 > 回復** 指令。請特別留意！這個指令執行之後就無法取消！

6 繪製基本向量圖形

- 關於路徑
- 繪圖模式
- 繪製線條與幾何圖形
- 繪製開放或封閉式路徑
- 鋼筆工具
- 編輯路徑
- 曲線工具
- 設定與建立筆畫
- 繪圖筆刷工具
- 點滴筆刷工具

　　透過 Illustrator 可以直覺方式來繪畫，只要透過滑鼠、感壓筆、觸控筆…等就能在短時間內，輕鬆繪製所需的圖形物件。畫出來的圖形可以應用在各式平面媒體、版面設計、網站、視訊或行動裝置上。這一章將說明如何使用基本繪圖工具來繪製各式圖形，以及調整曲線造型和筆刷的應用。

6-1　關於路徑

　　在 Illustrator 中可以使用 **線段區段工具** 與各式 **形狀工具** 繪製向量圖形，這一類的圖形與解析度無關，因此無論如何調整形狀大小，圖形的邊緣仍能保持清晰不會受解析度影響。繪圖時所建立的線條稱為「路徑」，進入實際作業之前，先來瞭解一下什麼是路徑？將其特性歸納為下列幾點：

● **路徑** 是一段直線或是曲線，也可以是由數條線段所組成的圖形或形狀；拖曳移動路徑的 **錨點**、**方向控制把手**、**方向控制點**，或者 **路徑線段** 本身，都可以變更路徑的形狀，直到確定之後再進行填色或是描邊（設定 **筆畫顏色**）。

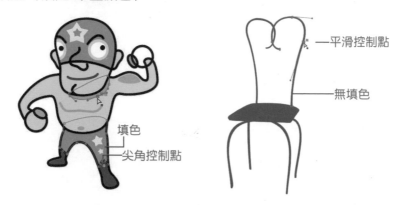

● **路徑** 中的每一條線段的起始和結束，都透過 **錨點** 標示。**錨點** 的作用就像是固定纜繩的繩栓。路徑可以是「封閉」的，例如：圓形、矩形；也可以是「開放」的，也就是有明確的端點，例如：波浪線。每一段路徑可能會有二種錨點：**尖角控制點** 及 **平滑控制點**。

連接二條直線的　　　　連接二條曲線的　　　　連接一條直線及一條
「尖角控制點」　　　　「平滑控制點」　　　　曲線的「尖角控制點」

● **尖角控制點**：用來連接二條直線，或一條直線及一條曲線的線段，路徑會突然地改變方向。

● **平滑控制點**：只能用來連接二個曲線線段。

📌 說明

◉ 路徑的輪廓、外框稱為「線條」或「筆畫」，套用至開放或封閉路徑內部區域的色彩、漸層則稱為「填色」。

◉「線條」具有寬度（粗細）、色彩和虛線圖樣…等屬性。建立路徑或形狀物件之後，就可以變更其「線條」與「填色」屬性。

6-1-1　方向控制把手

透過 **尖角控制點** 和 **平滑控制點** 的任意組合，可繪製出各式五花八門的路徑，這二種錨點可以視需要隨時轉換。點選連接曲線線段的 **錨點**（或 **線段** 本身），即會顯示 **方向控制把手**（包含 **方向點** 與 **方向線**）；**方向線** 的角度與長度決定曲線線段的形狀與大小，而移動 **方向點** 則會改變曲線的外框。

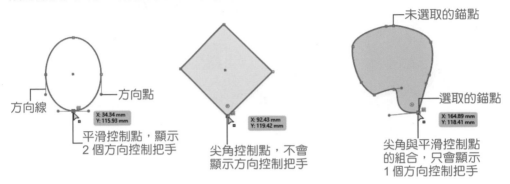

未選取的錨點

方向點

方向線

X: 34.34 mm
Y: 115.93 mm

平滑控制點，顯示
2 個方向控制把手

X: 92.43 mm
Y: 119.42 mm

尖角控制點，不會
顯示方向控制把手

選取的錨點

X: 164.89 mm
Y: 118.41 mm

尖角與平滑控制點
的組合，只會顯示
1 個方向控制把手

> 📌 **説明**
>
> 未被選取的 錨點 為「空心」，被選取的 錨點 會呈現「實心」為可以調整的狀態。

6-1-2　複合路徑

二個以上的路徑，可以將其合併為「複合路徑」，路徑重疊的部分會呈現鏤空。選取二個以上的路徑，執行 **物件 > 複合路徑 > 製作** 指令，就可以產生複合路徑，若要恢復為個別的單一路徑，選取物件之後執行 **物件 > 複合路徑 > 釋放** 指令即可。

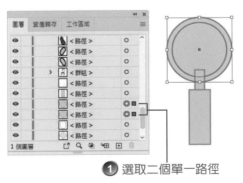

❶ 選取二個單一路徑

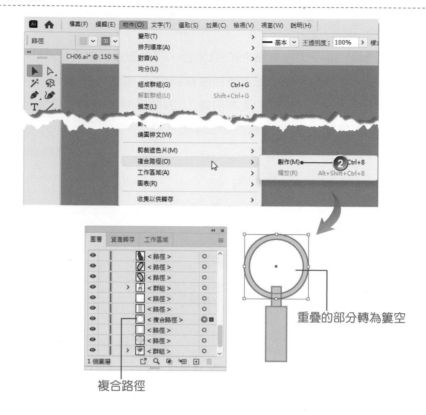

複合路徑

6-2　繪圖模式

　　Illustrator 預設的繪圖模式為 **一般繪製**，此外還有 **繪製下層** 與 **繪製內側** 二種模式。適時切換 **繪圖模式** 可以減少調整物件排列順序與製作「剪裁遮色片」的動作，透過 **工具** 面板下方的模式按鈕即能切換。

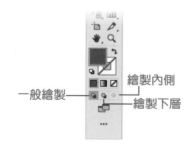

一般繪製

繪製內側

繪製下層

一般繪製

　　一般繪製 模式是預設的繪圖模式，在此模式下繪圖時，所繪製的物件會依畫圖的先後順序逐一往上方堆疊置放。

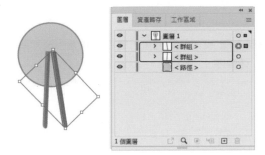

繪製下層

　　選擇 **繪製下層** 模式時，如果沒有選取任何圖形物件，會在所選取圖層中所有圖稿的下層進行繪製；若已經選取某一圖形，則會直接在選取物件的下層繪製新的物件。

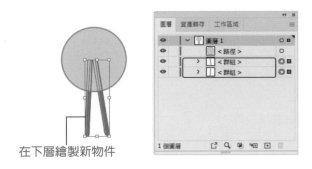

在下層繪製新物件

繪製內側

　　只有在選取單一物件（路徑、複合路徑或文字）時，才能啟用 **繪製內側** 模式；啟用之後，物件周圍會顯示虛線框，此時就能在選取物件的內側進行繪圖。

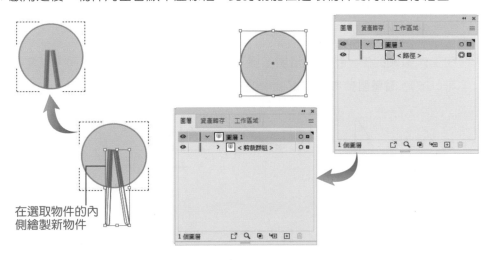

在選取物件的內側繪製新物件

說明

所選取的物件在 **繪製內側** 模式編輯過後，會自動轉為「剪裁遮色片」。有關「剪裁遮色片」的說明，請參閱 12-4 節。

6-3 繪製線條與幾何圖形

線條與形狀是構成向量圖形的基本元素，熟悉它們的特性有助於繪製各式向量圖形。

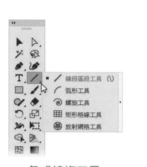
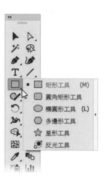

各式線條工具　　　　　　各式形狀工具

6-3-1 使用線段區段工具

線段區段工具 ✎ 可以用來繪製個別的直線線段。若先按住 Alt 鍵再拖曳滑鼠繪製，可以繪出以起點往二端延伸的直線線段；要繪出水平、垂直或是 45 度直線時，只要先按 Shift 鍵再拖曳滑鼠繪製即可。

STEP **1** 開啟圖稿之後，點選 **線段區段工具** ✎。

STEP **2** 在工作區域的任一點按住滑鼠左鍵不放，拖曳出所要繪製的線段。視需要可以啟動 **智慧型參考線** 來協助繪圖。

STEP **3** 在工作區域上按一下滑鼠左鍵設定起點,這時會同步開啟 **線段區段工具選項** 對話方塊,輸入線段的 **長度** 與 **角度** 後按【確定】鈕,可以繪製精確的線段。

繪出指定的線段

STEP **4** 若要編修已繪製的線段,請先點選 **直接選取工具** ▷,再選取要修改的線段即可進行調整。

6-3-2 使用弧形工具

弧形工具 ⌒ 可以繪製單一的凸形、凹形曲線,或封閉的扇形。

STEP **1** 開啟圖稿之後,點選 **弧形工具** ⌒,在工作區域上的任一點按住滑鼠左鍵不放,拖曳出所要繪製的曲線線段。

繪製第二段弧線的起點可與第一段終點重疊,但二段尚未合併成同一物件

STEP **2** 在拖曳滑鼠繪製弧線時,若配合下列鍵盤按鍵,可以繪出變化多端的弧線或扇形。

◆ 若先按住 Alt 鍵再拖曳滑鼠繪製線段,可以繪出以起點往二端延伸的弧線線段。

◆ 拖曳滑鼠繪製弧線時,如果按住 F 鍵,可以同一參考點為依據翻轉弧線。

◆ 畫弧線的同時，若按住  或 鍵可以增、減弧線的弧度。

STEP **3** 在工作區域上按一下滑鼠左鍵
設定起點，這時會同步開啟 **弧**
形線段工具選項 對話方塊，輸
入各項設定值後，按【確定】
鈕即可繪製精確的弧線線段或
扇形。

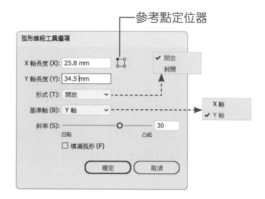

◆ **參考點定位器**：可以設定弧線繪製的起點。

◆ **X 座標軸長度**：指定弧形的寬度。

◆ **Y 座標軸長度**：指定弧形的高度。

◆ **形式**：設定所繪製的是開放式的弧線，或是封閉式的扇形。

◆ **基準軸**：指定弧線是要沿著 X 軸（水平）或 Y 軸（垂直）方向繪製。

◆ **斜率**：指定弧線的弧度，可輸入的數值為 –100 至 100；負值為凹形，
正值為凸形。

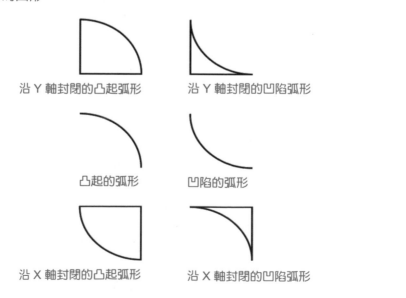

> **說明**
>
> ◉ **弧形線段工具選項** 對話方塊預設會顯示最後一次繪製弧線時的長度。
>
> ◉ 有關 **填色** 設定的相關說明，請參考本書第七章。

6-3-3　使用螺旋工具

螺旋工具 可以畫出指定半徑和圈數的順時針或逆時針方向的螺旋型曲線。

STEP 1 開啟圖稿之後，點選 **螺旋工具** ，在工作區域按下滑鼠左鍵不放拖曳出螺旋線，預設為逆時針旋轉，按 `R` 鍵可反轉旋轉方向。

逆時針方向　　　順時針方向

STEP 2 拖曳滑鼠繪製螺旋線時，若配合下列鍵盤按鍵，可以繪出變化多端的弧線。

◆ 在畫弧線的同時，若按住 `Ctrl` 鍵可以調整螺旋線的衰減程度。

◆ 在畫弧線的同時，按 `↑` 或 `↓` 鍵可以增、減螺旋線的區段。

減少區段　　　增加區段

STEP 3 在工作區域上按一下滑鼠左鍵設定起點，這時會同步開啟 **螺旋** 對話方塊，輸入各項設定值後，按【確定】鈕即可繪製精確的螺旋線。

◆ **半徑**：設定螺旋線中心點到最外側的距離。

◆ **衰減**：設定螺旋線的前一圈與後一圈相較之下所要減少的數量。

◆ **區段**：設定螺旋線的區段數，每一整圈包含四個區段。

◆ **樣式**：選擇要繪製螺旋形的方向，是順時針或逆時針方向的螺旋線。

區段

6-3-4 使用矩形格線與放射網格工具

使用 **矩形格線工具** 囲 可以繪製指定大小與分隔線數量的矩形格線；**放射網格工具** ◉ 可繪製指定大小與分隔線數量的同心圓格線。

STEP **1** 開啟圖稿之後，點選 **矩形格線工具** 囲 或 **放射網格工具** ◉，並在 **控制面板** 上設定 **筆畫寬度**。

STEP **2** 在工作區域上的任一位置按住滑鼠左鍵不放，拖曳出所要繪製的矩形或同心圓格線。

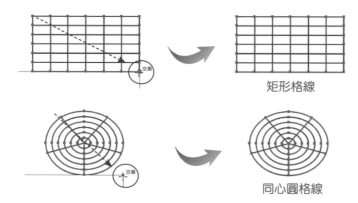

矩形格線

同心圓格線

STEP **3** 在拖曳滑鼠繪製矩形或同心圓格線時，若配合下列鍵盤按鍵，可以繪出變化多端的矩形或同心圓格線。

◆ 先按 Shift 鍵再拖曳滑鼠繪製，可繪製正方形或正圓形格線。

◆ 先按 Alt 鍵再拖曳滑鼠繪製，可繪出以起點往二端延伸的格線。

◆ 在繪製的同時，若按 ↑ 或 ↓ 鍵可以增、減矩形格線的 **水平線段** 或增、減同心圓格線的 **同心圓線段** 數量。

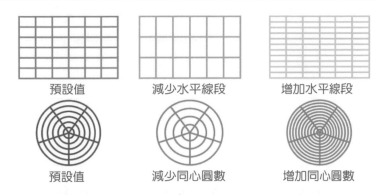

| 預設值 | 減少水平線段 | 增加水平線段 |
| 預設值 | 減少同心圓數 | 增加同心圓數 |

◆ 在繪製的同時，若按 ← 或 → 鍵可以增、減矩形格線的 **垂直線段** 或增、減同心圓格線的 **放射線段**。

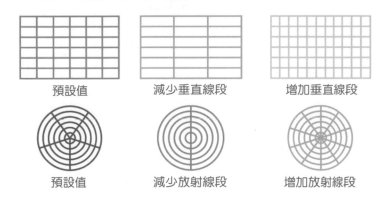

| 預設值 | 減少垂直線段 | 增加垂直線段 |
| 預設值 | 減少放射線段 | 增加放射線段 |

◆ 在繪製的同時，若按 F 鍵，可以將矩形格線的 **水平線段** 之 **偏斜效果** 減少 10%；同心圓格線的 **放射線段** 之 **偏斜效果** 往逆時針方向變更 10%。

◆ 在繪製的同時，若按 V 鍵，可以將矩形格線的 **水平線段** 之 **偏斜效果** 增加 10%；同心圓格線的 **放射線段** 之 **偏斜效果** 往順時針方向變更 10%。

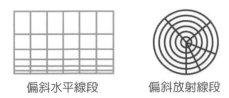

| 偏斜水平線段 | 偏斜放射線段 |

◆ 在繪製的同時若按下 X 鍵，可以將矩形格線的 **垂直線段** 之 **偏斜效果** 減少 10%；同心圓格線的 **同心圓線段** 之 **偏斜值** 向內縮 10%。

◆ 在繪製的同時若按下 鍵,可以將矩形格線的 **垂直線段** 之 **偏斜效果** 增加 10%;同心圓格線的 **同心圓線段** 之 **偏斜值** 向外擴 10%。

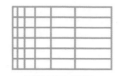

偏斜垂直線段　　　　偏斜同心圓線段

STEP 4 與其他線段工具一樣,也可以在工作區域上按一下滑鼠左鍵設定起點,同時會開啟對應的 **矩形格線工具選項** 或 **放射網格工具選項** 對話方塊,輸入各項設定值後,按【確定】鈕即可繪製精確的矩形或同心圓格線。

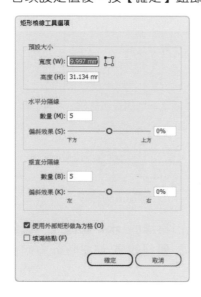

6-3-5 使用矩形、圓角矩形與橢圓形工具

　　矩形工具 ▣ 、**圓角矩形工具** ▣ 與 **橢圓形工具** ◉ 的使用方法大同小異,可直接以滑鼠拖曳方式繪製;或設定起點之後,再透過對應的對話方塊來建立指定的形狀。

STEP 1 開啟圖稿之後,點選 **矩形工具** ▣ 、**圓角矩形工具** ▣ 或 **橢圓形工具** ◉ ,並在 **控制** 面板上設定 **筆畫寬度**。

STEP 2 在工作區域上的任一點按住滑鼠左鍵不放，拖曳繪出所要的幾何形狀。

矩形　　　　　　　圓角矩形　　　　　　橢圓形

STEP 3 使用拖曳滑鼠方式來繪製幾何向量圖形時，若配合下列鍵盤按鍵，可以繪出不同樣式的圖件。

◆ 先按 `Shift` 鍵再拖曳滑鼠繪製，可以繪製正方形、圓角方形或正圓形。

◆ 先按 `Alt` 鍵再拖曳滑鼠繪製，游標會從 ÷ 變成 :: 樣子，可畫出由起點往二端延伸的矩形、圓角矩形或橢圓形。

◆ 在繪製 **圓角矩形** 時，按一下 `→` 鍵會變成最尖銳的轉角；按一下 `←` 鍵會變成最圓的轉角。

◆ 在繪製 **圓角矩形** 時，若按 `↑` 或 `↓` 鍵可以改變圓角半徑。

STEP 4 在工作區域上按一下滑鼠左鍵設定起點，此時會開啟對應的 **矩形、圓角矩形** 或 **橢圓形** 對話方塊，輸入各項設定值之後，按【確定】鈕即可繪製精確的形狀。

矩形
寬度 (W): 44.097 mm
高度 (H): 29.281 mm
確定　　取消

圓角矩形
寬度 (W): 44.097 mm
高度 (H): 29.281 mm
圓角半徑 (R): 4.233 mm
確定　　取消

橢圓形
寬度 (W): 50.8 mm
高度 (H): 31.574 mm
確定　　取消

6-3-6 使用多邊形與星形工具

多邊形 與 **星形** 的頂點（邊數、點數）其實是相同的，但 **多邊形** 是頂點與相鄰頂點之間的連線，而 **星形** 是頂點和不相鄰頂點之間的連線。

繪製多邊形

多邊形工具 ⬡ 可以輕鬆畫出規則且多邊形狀的幾何圖形，而每一邊與物件中心點的距離都相等。

STEP 1 開啟圖稿之後，點選 **多邊形工具** ⬡，並在 **控制** 面板設定 **筆畫寬度**。

STEP 2 在工作區域上的任一點按住滑鼠左鍵不放，拖曳繪出預設值的六邊形。

STEP 3 搭配 ⬆ 或 ⬇ 鍵再拖曳滑鼠繪製，可以增加或減少多邊形的邊數。

正六邊形　　　　　　　增加邊數　　　　　　　減少邊數

STEP 4 在工作區域上按一下滑鼠左鍵設定多邊形的起點，會出現 **多邊形** 對話方塊，輸入多邊形的 **半徑** 與 **邊數**，按【確定】鈕可繪出指定的多邊形。

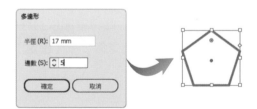

繪製星形

星形工具 ☆ 可以繪製指定大小與點數的星形物件。

STEP 1 開啟圖稿之後，點選 **星形工具** ☆，並在 控制 面板設定 **筆畫寬度**。

STEP 2 在工作區域上的任一點按住滑鼠左鍵不放，拖曳繪出預設值的五芒星形。

STEP **3** 搭配 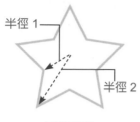 或  鍵再拖曳滑鼠繪製,可以增加或減少星形的「星芒數」。

半徑 1

半徑 2

五芒星形

增加星芒

減少星芒

STEP **4** 在工作區域上按一下滑鼠左鍵設定星形的起點,出現 **星形** 對話方塊,輸入星形的 **半徑** 與 **星芒數**,按【確定】鈕即可繪出指定的星形。

◆ **半徑 1**:設定物件的大小。

◆ **半徑 2**:設定星芒的銳利程度。

6-4 繪製開放或封閉式路徑

使用 **鉛筆工具** ✏ 就好像是在紙上使用鉛筆或畫筆繪圖一樣,可以繪製任意開放或封閉式路徑,Illustrator 會自動增加錨點,無須自行決定錨點要放置的位置,路徑完成之後可以再進行調整。

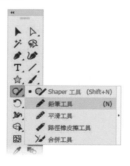

6-4-1 Shaper 工具

透過 **Shaper 工具** 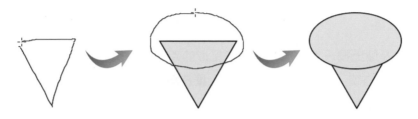 可以徒手繪製的方式，自動建立任何形狀的向量圖形，畫的同時還能合併或移除重疊的區域。

STEP **1** 點選 **Shaper 工具** ，在畫板中按住滑鼠左鍵拖曳繪製所需的圖形。

STEP **2** 畫出第二個圖形，使其與第一個圖形重疊。

STEP **3** 畫出第三個圖形，使其與第二個圖形重疊。

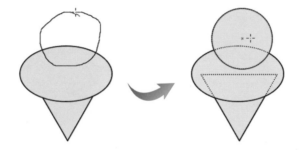

STEP **4** 使用 **Shaper 工具** 在第二與第三圖形重疊的區域上拖曳繪製，產生最後的圖形。

繪製完成的圖形會自動成為 **Shaper** 群組，點選之後，物件框的右側會顯示 ⊡ 符號，按下之後可以各別編輯其中的物件，例如：變更填色與筆畫。

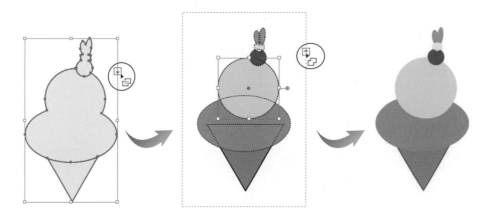

6-4-2 鉛筆工具

透過 **鉛筆工具** ✏️ 繪製物件時，可以符合預定的曲線路徑，此外還能自動封閉路徑與繪製直線線段。

STEP **1** 點選 **鉛筆工具** ✏️，此時滑鼠游標會呈現 ✏️ 狀態。

STEP **2** 使用滑鼠在工作區域上拖曳繪製出所要建立的路徑，完成後鬆開滑鼠按鍵。

STEP **3** 如果要接續繪製原有的路徑，請先選取該路徑，然後將「鉛筆」筆尖放在路徑上的任一錨點，當滑鼠游標變成 ✏️ 時表示已靠近錨點點；拖曳滑鼠進行繪製，完成後鬆開滑鼠按鍵。

採用 **鉛筆工具** ✏ 繪製任意路徑之前，你也可以透過 **鉛筆工具選項** 對話方塊，變更此工具的相關屬性，藉以調整滑鼠或感壓筆的敏感度。

STEP **1** 快按二下 **鉛筆工具** ✏，開啟 **鉛筆工具選項** 對話方塊。

STEP **2** 視需要調整相關屬性，完成設定後按【確定】鈕。

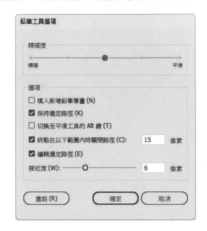

◆ **精確度**：這個滑桿預設有 5 段預設集，協助你盡可能地繪製最精確的路徑。

◆ **填入新增鉛筆筆畫**：此核取方塊必須在繪製前先勾選，勾選之後會將 **填色** 色彩套用至目前所要繪製的筆畫中。

◆ **保持選定路徑**：勾選此核取方塊，會保留繪製後的選取路徑。

◆ **切換至平滑工具的 Alt 鍵**：勾選此核取方塊，當你按下 Alt 鍵時會切換至 **平滑工具** ✏。

◆ **編輯選定路徑**：勾選此核取方塊，可以使用 **鉛筆工具** ✏ 來變更現有路徑。

◆ **接近度**：設定編輯路徑時，滑鼠或數位筆靠近該路徑時的接近程度。此項設定值需與 ☑ **編輯選定路徑** 核取方塊同時使用。

📌 **說明**

● **路徑封閉游標** ✏：當繪製的路徑端點鄰近封閉區域，而且彼此位在 **接近度** 所設定的像素數之內，就會顯示 **路徑封閉游標** ✏，放開滑鼠按鍵該路徑會自動封閉。

● **直線區段游標** ✏：使用 **鉛筆工具** ✏ 繪製路徑時，如果先按住 Shift 鍵，可以畫出水平、垂直、45 度的強制直線線段。

● **路徑延續游標** ✎：當滑鼠游標移到的控制點是位於起點或終點時，就會顯示 **路徑延續游標** ✎，按下滑鼠按鍵可以畫出延續的線段。

6-4-3 平滑工具

使用 **平滑工具** ✎ 可以移除路徑上過多的錨點，平滑並簡化路徑外觀。

STEP **1** 請先選取要編輯的物件，再點選 **平滑工具** ✎。

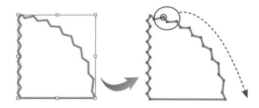

STEP **2** 使用滑鼠在原來所繪製較銳利的筆畫（路徑）上拖曳繪製，反覆數次後，會將線條轉換為較平滑。但此功能的平滑效果有限，若要求精準，可以直接調整 **錨點** 和 **方向控制把手**。

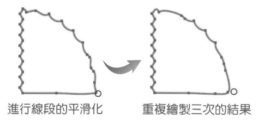

進行線段的平滑化　　重複繪製三次的結果

如果要變更平滑的精確度，請快按二下 **平滑工具** ✎，然後在 **平滑工具選項** 對話方塊中設定。

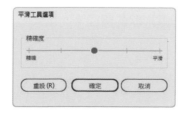

6-4-4 路徑橡皮擦工具

使用 **路徑橡皮擦工具** 可以擦除物件上的部分路徑。

STEP 1 請先選取要編輯的物件,再點選 **路徑橡皮擦工具** 。

STEP 2 在要擦除的路徑上拖曳,即可擦去不要的線條。

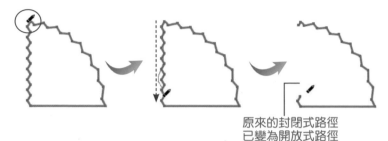

原來的封閉式路徑
已變為開放式路徑

6-4-5 合併工具

繪製路徑物件時是否缺少交叉點?或是有交錯卻超出交叉點?透過 **合併工具** 可以輕鬆修正沒有依照所繪製必須準確交叉的路徑。

STEP 1 點選 **合併工具** 。

STEP 2 將滑鼠游標移到要修訂物件的路徑交叉點,按住滑鼠拖曳繪製,路徑就會在交叉點接合並斷開,但不會改變原始路徑的軌道。

合併並裁剪重疊的部分路徑

6-5 鋼筆工具

使用 **鋼筆工具** 可以建立直線或平滑且順暢的曲線,也可以編輯直線、曲線或任意形狀的路徑。

6-5-1 繪製直線路徑

製作直線路徑時，只要用滑鼠點取 **錨點** 的位置，每一個 **錨點** 之間便會由線段連結成路徑，繪製完成或要結束繪圖請按 `Esc` 鍵。

STEP **1** 點選 **鋼筆工具** ✏️，滑鼠游標會呈現 ▼ 狀態，先在工作區域上點出路徑的起點。

STEP **2** 於 **工作區域** 上使用滑鼠依序點出路徑要經過的錨點，每一個錨點之間即會由線段連結成路徑；畫筆回到起點時，游標會呈現 ▼ 狀態，點取後可以封閉路徑。

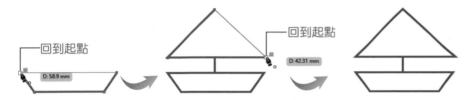

> 📌 **説明**
>
> - 點出錨點的時候請勿拖曳，否則會因而出現 **方向控制把手** 將直線路徑變為曲線路徑。
> - 如果要繪出水平、垂直或是 45 度的直線路徑時，請搭配 `Shift` 鍵來點出錨點。

6-5-2 繪製曲線路徑

曲線路徑和直線路徑最大的差異，是在於 **錨點** 上有 **方向控制把手**，它可以定義曲線的弧度和切線方向的斜率，繪製曲線的方法和直線路徑非常類似。

STEP **1** 點選 **鋼筆工具** ✏️，滑鼠游標會呈現 ▼ 狀態，先在工作區域上點出路徑的起點。

STEP **2** 在另一端按住滑鼠左鍵同時拖曳，此時畫面上的錨點（第 2 個）會出現 **方向控制把手**，游標會呈現 ▶ 狀態，調整方向與斜率後，放開滑鼠鍵即完成曲線錨點的設定。

STEP **3** 重複步驟 2，在畫面上設定第 3、4、…N 個錨點，同時調整 **方向控制把手** 使路徑符合所要繪製的圖件。

STEP **4** 若將游標移到目前結束的錨點上方，當其呈現 ▶ 狀態時，按一下該錨點，可轉換為「尖角」控制點；再依序繪出所有的錨點。

STEP **5** 完成之後將畫筆回到起點，游標圖示會帶著小圓圈 ▶，點取之後可以完成封閉路徑。

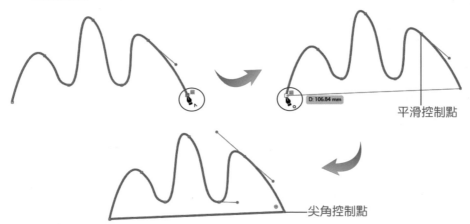

平滑控制點

尖角控制點

📌 **說明**

- 路徑可以由直線及曲線混合繪製，完成所需的物件。
- 調整 **方向控制把手** 的方向可以決定弧線的切線方向；調整 **方向控制把手** 的長度可以控制圓弧的弧度。
- 拖曳 **方向控制把手** 的同時，如果按 Shift 鍵，可以限制 **方向線** 的方向為水平、垂直或 45 度方向。

6-6　編輯路徑

單單使用 **鉛筆工具** 或 **鋼筆工具** 繪製路徑物件時，可能無法立即畫出完美的路徑，所以繪製之後可再透過 **簡化** 指令、**增加錨點工具** 、**刪除錨點工具** 與 **轉換錨點工具** 進行細部微調；也可執行複製及搬移…等工作，達到期望的效果。注意！改變路徑外框或編輯路徑之前，必須先選取路徑的錨點、線段或這二者的組合。

6-6-1　使用簡化指令

透過 **簡化** 指令可以在維持原始形狀之下移除路徑上多餘的錨點。移除不必要的錨點可簡化圖稿及檔案大小。

STEP 1　點選 **工具** 面板中的 **選取工具** 點選要簡化路徑的物件；執行 **物件 > 路徑 > 簡化** 指令。

簡化路徑前

STEP **2** 出現 **簡化路徑** 工具列，拖曳滑桿調整物件中錨點數量的上限或下限；按 **更多選項** 鈕會開啟 **簡化** 對話方塊，可以再設定相關的屬性，完成後按 【確定】鈕。

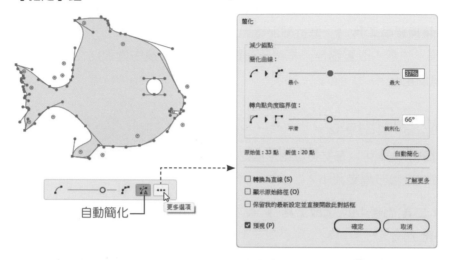

自動簡化

◆ **簡化曲線**：用來設定簡化後的路徑與原始路徑的相近程度，輸入的 數值需介於 0% 至 100%，值越高，會建立較多的控制點，外觀更相 近；除了曲線的 **結束端點** 和 **尖角控制點** 之外，任何既有的錨點都 有可能被忽略。

◆ **轉角點角度臨界值**：用來控制尖角的平滑程度，可以輸入介於 0 至 180 度的數值。

◆ **轉為直線**：勾選此核取方塊，可以在物件的原始錨點之間建立直線。

◆ **顯示原始路徑**：勾選此核取方塊，在簡化路徑後可以顯示原始路徑。

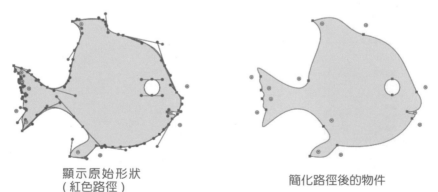

顯示原始形狀
(紅色路徑)

簡化路徑後的物件

6-6-2　使用路徑編修工具

除了可以使用 **工具** 面板中 **鋼筆工具** 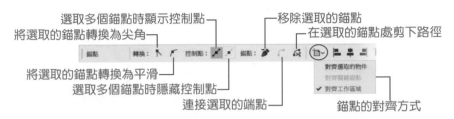 群組內的工具編修路徑之外，也可以 **直接選取工具** 選取要調整的錨點或路徑，再透過 **控制** 面板上的屬性相關按鈕來調整。

選取多個錨點時顯示控制點　　　　移除選取的錨點
將選取的錨點轉換為尖角　　　　　　在選取的錨點處剪下路徑

錨點　　轉換：　　控制點：　　錨點：

對齊選取的物件
對齊關鍵錨點
✓ 對齊工作區域

將選取的錨點轉換為平滑
選取多個錨點時隱藏控制點
連接選取的端點　　　　　　錨點的對齊方式

STEP **1**　點選 **直接選取工具** ，選取要調整的路徑或錨點，錨點被選取後會變為實心；若為曲線，會同時顯示對應的 **方向控制把手**。

方向控制點
選取此錨點
方向線

STEP **2**　使用滑鼠按住錨點並拖曳，可以調整錨點的位置；拖曳 **方向控制把手** 上的控制點，則可以調整 **斜率、方向**。

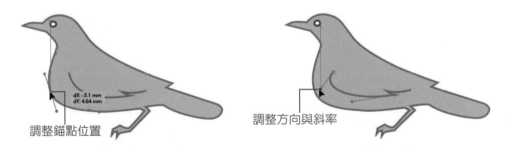

dX: -3.1 mm
dY: 4.64 mm

調整錨點位置　　　　　　　　調整方向與斜率

STEP **3**　將游標移至曲線路徑上，按住滑鼠左鍵拖曳可以調整路徑弧度。

STEP 4 點選 增加錨點工具  或 刪除錨點工具 ，可以在現有的路徑上增加或
是取消錨點。

新增錨點

刪除錨點

STEP 5 使用 轉換錨點工具 點選錨點，可以將 平滑錨點 轉換為 尖角錨點。也
可以在點選錨點之後，透過 控制 面板操作。

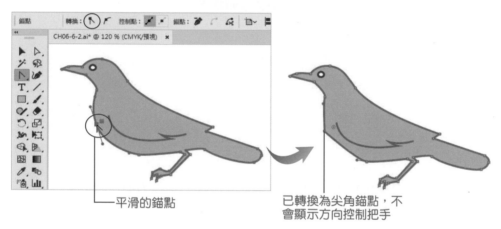

平滑的錨點

已轉換為尖角錨點，不
會顯示方向控制把手

STEP 6 使用 直接選取工具 點選要刪除的線段，按 Del 鍵可以刪除指定的路徑
線段。

尖角錨點上方會
顯示「轉角」點

選取要刪除的路徑線段

已刪除指定的路徑線段

STEP **7** 如果想要連接所繪製路徑的起始與結束端點，使其成為一個封閉的區域，請使用 **直接選取工具** ⟜ 搭配 Shift 鍵選取要連接的端點，再按 **控制** 面板上的 **連接選取的端點** ⟜ 鈕即可（也可以執行 **物件 > 路徑 > 合併** 指令）。

STEP **8** 如果要剪除所繪製路徑中的某一段，請使用 **直接選取工具** ⟜ 搭配 Shift 鍵選取要剪除線段的錨點，再按 **控制** 面板上的 **在選取的錨點處剪下路徑** ⟜ 鈕即可。

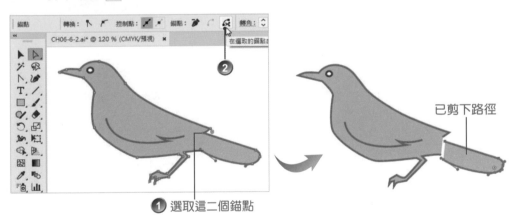

 選取這二個錨點

說明

- 點選要刪除的錨點之後，按一下 **控制** 面板的 **移除選取的描點** ⟜ 鈕，可以刪除選定的錨點。刪除錨點之後，物件的形狀會受到影響而改變。

- 使用滑鼠點取錨點時，一次只能選取一個錨點；先按 Shift 鍵再選取錨點，則可以選取多個錨點。

6-6-3 連接與延續路徑

使用 **鋼筆工具** ✏ 來繪製路徑時,若想接續原路徑繪圖,或連接多段路徑,只要留心滑鼠游標的變化,很容易就能達成目的。

連接路徑

若要在繪圖的過程中連接二段開放式的路徑,只要先點選其中一段路徑的起點或終點,此時游標會呈現 ✎ 狀態,接著將游標移至另一路徑的指定起點或終點,當游標變成 ✎ 時,按一下滑鼠左鍵即可將它們連接在一起。

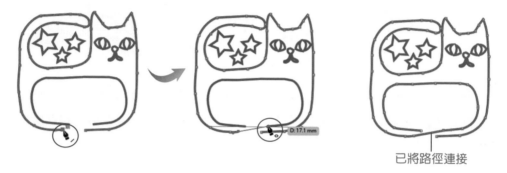

已將路徑連接

延續路徑

繪圖畫到一半時,若不小心中斷筆畫,又想要將筆畫往下延伸,只要將滑鼠游標移到要延續的錨點上方,當游標變成 ✎ 狀態時,按一下滑鼠左鍵就可以繼續繪製。

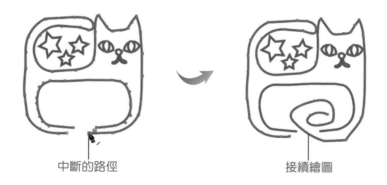

中斷的路徑　　　　　　　　　接續繪圖

6-7　曲線工具

使用 **曲線工具** 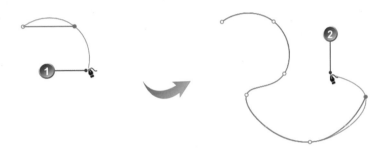 可以視覺化的方式快速繪製、編輯曲線或直線，如此就不用再處理令人覺得麻煩錨點和控制點，可簡化路徑的建立。

STEP **1** 點選 **曲線工具**，滑鼠游標會呈現 狀態，先在工作區域上點出路徑的起點。

STEP **2** 設定另一個端點，並檢視以滑鼠移動位置所產生的路徑形狀。

STEP **3** 重複步驟 2，繪製所需的路徑物件。因為使用的是曲線工具，所以路徑上預設的是「平滑」錨點。

STEP **4** 如果要結束繪圖請按 Esc 鍵，當游標呈現 狀態時，點選後可以建立封閉的路徑。

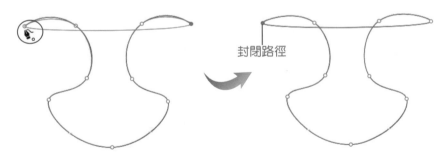

封閉路徑

使用 **曲線工具** 所建立的路徑物件，可以直接執行下列編輯動作：

◆ 點選某個節點，然後拖曳該節點可以調整其位置。

◆ 點選某個節點，然後按 Del 鍵可以刪除該節點。

◆ 在某個錨點連上快按二下，可以切換為「平滑」或「尖角」錨點。

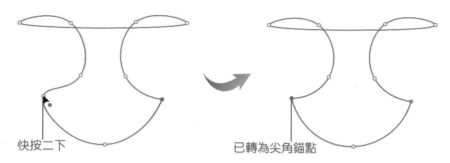

快按二下　　　　　　　　　　　　已轉為尖角錨點

◆ 將滑鼠游標移到路徑上方，當它呈現 🖎 狀態時按一下，可以在現有的路徑或形狀上增加節點。

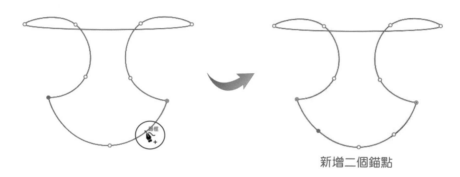

新增二個錨點

6-8　設定與建立筆畫

　　繪製線條、幾何圖形或路徑時，可以透過 **筆畫** 面板中的 **寬度** 屬性設定筆畫的厚度；除此之外，還可以設定線段的 **端點、尖角限度、虛線** 與 **箭頭**…等屬性。Illustrator 預設值會將 **筆畫** 面板收合顯示在視窗中，按下 **工作區** 右側的 **筆畫面板** ≡ 鈕就能將其展開；若沒有顯示，請執行 **視窗 > 筆畫** 指令或按 Ctrl + F10 鍵。當面板呈現收合狀態時，按 **面板選單** ≡ 鈕，執行 **顯示選項** 指令，即可顯示其他屬性。

按這裡也可以展開其他屬性

設定端點

設定尖角

6-8-1 變更線段寬度、端點或轉角

Illustrator 預設的 **筆畫寬度** 為 1 pt，選取物件之後就可以透過 **控制** 面板或 **筆畫** 面板上的 **筆畫寬度** 屬性設定筆畫的寬度。如果將 **筆畫寬度** 設定為 0，則 **工具** 面板中的 **筆畫填色** 會顯示 **無**。

按這裡也可以展開「筆畫」面板

筆畫寬度設定為 0（空白）

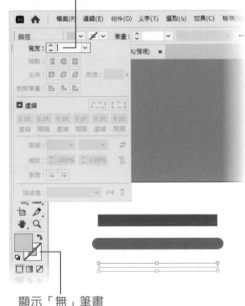

顯示「無」筆畫

> 🔖 **說明**
>
> **端點** 是指開放式路徑（線段）的起始或結束錨點；**尖角** 是指直線改變方向（轉彎）的位置。

STEP **1** 選取要設定的物件。

STEP **2** 展開 **筆畫** 面板後,即可設定 **端點** 和 **尖角** 選項。

◆ **平端點** ▣:所繪製的線條筆畫會包含方形端點。

◆ **圓端點** ▣:所繪製的線條筆畫會包含半圓形端點。

◆ **方端點** ▣:所繪製的線條筆畫會在線段端點之外,往外平均延伸一
半線條寬度的方形端點。例如:線條的筆畫 **寬度** 設定為 10 pt,則
會往外延伸產生 5 pt 的方形端點,所以線段會較原先繪製的長度長
一些。

◆ **尖角** ▣:所繪製的轉角線條會產生尖形轉角,可在 **限度** 輸入 1 至
500 的值,預設值為 10,表示當控制點的長度達到筆畫寬度的 10 倍
時,程式會從尖角切換成斜角。

◆ **圓角** ▣:所繪製的轉角線條會產生圓形轉角。

◆ **斜角** ▣:所繪製的轉角線條會產方形轉角。

STEP **3** 當選取的物件為封閉式路徑時,可以設定筆畫寬度對齊路徑的方式。

◆ **筆畫置中對齊** ▣:由路徑的二側延展出現筆畫寬度。

◆ **筆畫內側對齊** ▣:由路徑內側增加筆畫寬度。

◆ **筆畫外側對齊** ▣:由路徑外側增加筆畫寬度。

筆畫置中對齊　　　畫內側對齊　　　筆畫外側對齊

6-8-2　建立、自訂虛線與箭頭

透過 **筆畫** 面板上 **虛線** 與 **箭頭** 屬性的設定，可以建立各式五花八門的虛線與箭頭。

STEP **1** 選取要設定的物件。

STEP **2** 展開 **筆畫** 面板後，先勾選 ☑ **虛線** 核取方塊，再設定 **虛線線段** 與 **間隔**，設定之後，繪製虛線線段時會依線段長度重複顯示。

◆ 按 **保留精確的虛線和間隙長度** 鈕，會保持虛線外觀而不對齊，所以線條的轉角仍保有完整的虛線。

◆ 按 **將虛線對齊到尖角和路徑終點，並調整最適長度** 鈕，會使在尖角和路徑終點的虛線保持一致。

保留精確的虛線和間隙長度

將路徑對齊到尖角和路徑的終點，並調整最適長度

STEP **3** 視需要可以在線段的端點加上箭頭，然後透過 **縮放** 與 **對齊** 屬性調整箭頭的大小。

選擇起點箭頭樣式　　　　　　　　　　　選擇終點箭頭樣式

◆ **箭頭**：選擇起點或線點的箭頭樣式，按 **切換箭頭起始處和結束處** ⇄ 鈕，可快速對調二端的箭頭樣式；如果要移除箭頭請選擇 **無**。

◆ **縮放**：改變箭頭樣式的大小，如果按 **連結箭頭起始處和結束處縮放** 🔗 鈕可以維持二端箭頭的大小比例。

◆ **對齊**：讓箭頭尖端伸展到路徑終點外 ⇥ 與 將箭頭尖端放置到路徑終點 ⇥ 鈕，可以控制箭頭尖端是否超出或對齊端點。

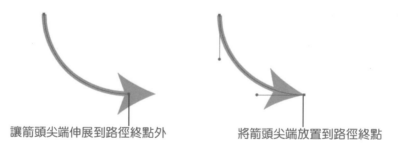

讓箭頭尖端伸展到路徑終點外　　　　　　將箭頭尖端放置到路徑終點

6-8-3 使用寬度工具

如果已建立由 **鉛筆工具** ✏ 或 **鋼筆工具** 🖊 所繪製的路徑物件，可以再透過 **寬度工具** 🖌 修改筆畫線條的粗細，讓筆畫呈現出較為自然的線條。

STEP **1** 先選取要設定的物件，再點選 **工具** 面板中的 **寬度工具** 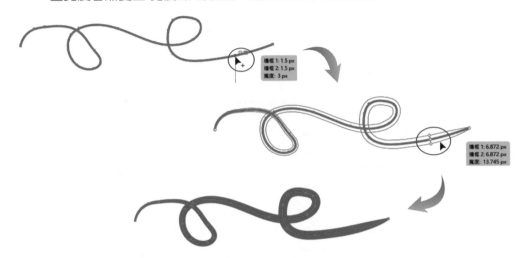。

STEP **2** 將滑鼠指向要調整寬度的地方，游標會呈現 ▸ 狀態。

STEP **3** 按下滑鼠左鍵拖曳出需要的寬度，原本的線條兩端保持原有的筆劃寬度，筆畫寬度會漸變至 **寬度點** 的位置，產生粗細不同的線條。

STEP **4** 快按二下設定的 **寬度點**，會開啟 **寬度點編輯** 對話方塊，可以做細節調整或刪除。

STEP **5** 視需要可以陸續增加更多 **寬度點**，然後移動其位置讓線條產生更多變化。

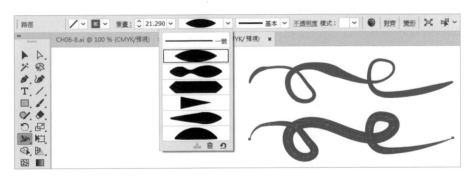

6-9　繪圖筆刷工具

如果想要畫一些特殊線條或應用現成的卡片圖案，透過 Illustrator 提供的多種筆刷即能迅速完成。使用筆刷可以來風格化路徑外觀，筆刷筆畫也能套用到現有的路徑；如果是使用 **繪圖筆刷工具** 繪製路徑，會同時套用筆刷筆畫。

6-9-1　筆刷類型

Illustrator 內建有 **散落**、**沾水筆**、**毛刷**、**圖樣** 和 **線條圖** 五種類型的筆刷。

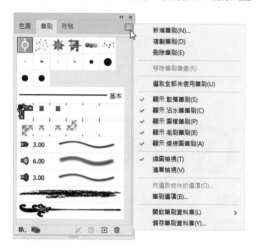

● **散落筆刷**：這個類型的筆刷會將某一物件（例如：一片葉子或幾何圖形）沿著路徑拷貝散佈。

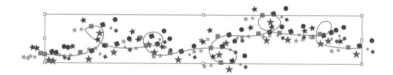

● **沾水筆筆刷**：這個類型的筆刷所建立的筆畫，類似使用毛筆所繪製的書法效果，會沿著路徑的中心來繪製。

- **圖樣筆刷**：這個類型的筆刷會沿著路徑重複繪出一系列以拼貼方式所組成的圖樣。

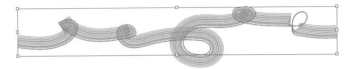

- **毛刷筆刷**：可以建立出具有毛刷筆觸的筆刷外觀。

- **線條圖筆刷**：這個類型的筆刷會沿著路徑的長度，平均地拉長筆刷形狀或物件形狀，也可以模擬出真實的筆觸質感。

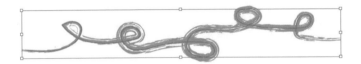

> 📌 **説明**
>
> **散落筆刷** 與 **圖樣筆刷** 可以產生相同的效果，唯一的差別是 **圖樣筆刷** 會完全沿著路徑圍繞，**散落筆刷** 不會。

6-9-2 筆刷面板

點選 **視窗 > 筆刷** 指令或按 F5 鍵，可以開啟 **筆刷** 面板，預設的面板中只會有幾個基本的筆刷，繪圖時視需要再將其他筆刷加入其中。如果無法分別所要使用的筆刷類型，請按一下面板上方的 **面板選單** ▤ 鈕，執行其中的 **顯示○○筆刷** 指令，即能輕鬆辨別筆刷類型；執行 **視窗 > 筆刷資料庫** 指令，在選單中也可以選擇所要載入的筆刷類型。

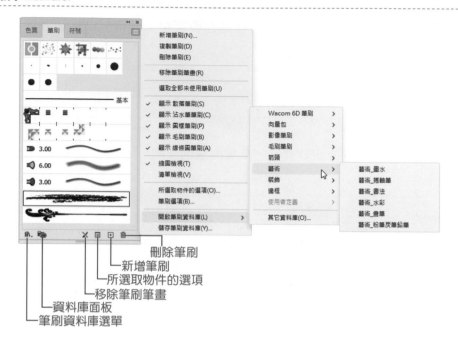

刪除筆刷
新增筆刷
所選取物件的選項
移除筆刷筆畫
資料庫面板
筆刷資料庫選單

載入的筆刷會以新面板各別獨立顯示，在其中點選所要使用的筆刷，即會自動將它放置到 **筆刷** 面板內。

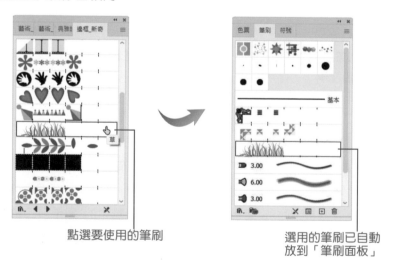

點選要使用的筆刷

選用的筆刷已自動
放到「筆刷面板」

6-9-3 使用繪圖筆刷工具

使用 **繪圖筆刷工具** 不僅可以繪製藝術路徑，也可以將特殊筆刷套用到現存的路徑。

STEP **1** 在 **筆刷資料庫** 或 **筆刷** 面板中選擇要使用的筆刷。

STEP **2** 點選 **繪圖筆刷工具** ，視需要可以設定 **筆畫寬度**。

STEP **3** 在 **工作區域** 上按住滑鼠拖曳繪出所要產生的路徑，完成後放開滑鼠按鍵。

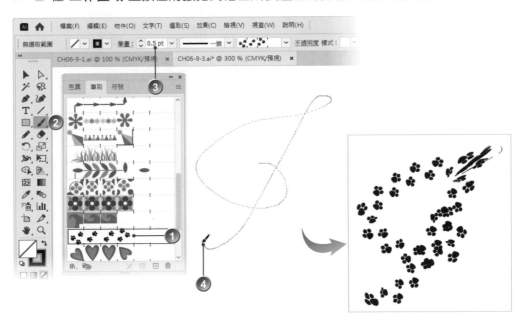

STEP **4** 如果要繪製的是封閉式外框，在拖移時請按 **Alt** 鍵，游標會呈現 狀態；準備封閉該形狀路徑時，先放開滑鼠按鍵，再放開 **Alt** 鍵。

如果已使用 **鉛筆工具** 、**鋼筆工具** 或基本形狀工具…等繪圖工具繪製好所需要的圖形，也可以輕鬆套用筆刷筆畫。

STEP **1** 選取要套用筆刷的路徑。

STEP **2** 在 **筆刷** 面板或 **筆刷資料庫** 中選擇要套用的筆刷樣式，即可將筆刷套用到現有的路徑。

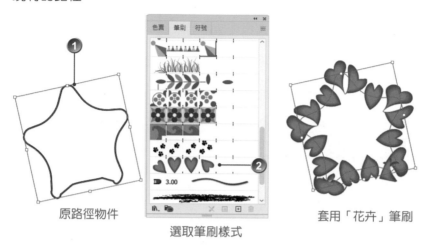

原路徑物件　　　　　　套用「花卉」筆刷

選取筆刷樣式

STEP **3** 如果要移除路徑上的筆刷，請先選取該路徑，再按 **筆刷** 面板下方的 **移除筆刷筆畫** ☒ 鈕。

　　若是要調整筆刷物件的大小、間距與散落方式等，請在選取「筆刷樣式」後按 **筆刷** 面板下方的 **所選取物件的選項** 🔲 鈕，出現對應筆刷類型的 **筆畫選項** 對話方塊，視需要調整相關屬性。

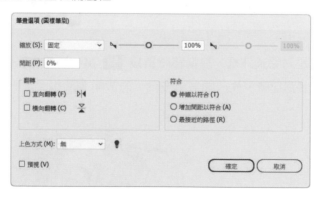

6-9-4 新增自訂的筆刷樣式

除了使用 Illustrator 所提供的各式筆刷樣式之外，也可以建立自己專屬的筆刷樣式，先決條件是要將筆刷物件繪製妥當。

STEP **1** 使用各式繪圖工具完成筆刷物件的繪製。

STEP **2** 選取要製成筆刷的物件，按 **筆刷** 面板下方的 **新增筆刷** ⊞ 鈕。

STEP **3** 出現 **新增筆刷** 對話方塊，選擇筆刷類型，例如：**圖樣筆刷** 選項，按【確定】鈕。

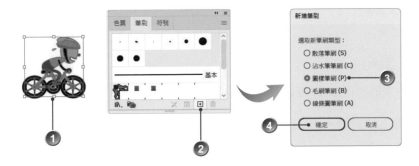

STEP **4** 出現對應的 **圖樣筆刷選項** 對話方塊，設定相關屬性之後按【確定】鈕。

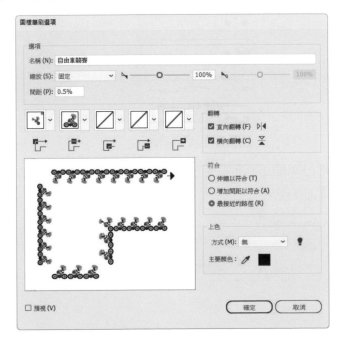

STEP 5 新增的筆刷物件即會加入到 **筆刷** 面板中;接下來,你可試著以新筆刷來
繪製路徑並檢視其結果。

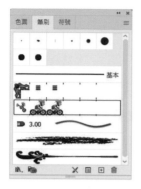 

6-9-5 刪除筆刷

不再使用的筆刷也可以從 **筆刷** 面板中刪除。

STEP 1 在 **筆刷** 面板中點選不要的筆刷,直接將其拖曳到下方的 **刪除筆刷** 🗑 鈕
中即會將其刪除。

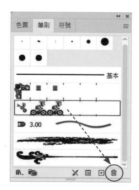

STEP 2 如果要移刪除的筆刷正套用在某一作用中的路徑上,則會出現警告訊息,
提醒你該筆刷正在使用。

◆ 按【展開筆畫】鈕，會刪除路徑而保留筆刷物件。展開筆畫後，若執行 **物件 > 解散群組** 指令，可將筆刷圖案拆成單一物件。

◆ 按【移除筆畫】鈕，則會刪除筆刷物件而保留路徑。

6-10 點滴筆刷工具

點滴筆刷工具  含有「合併路徑」的特性，繪出的路徑是包含填色的形狀，可以與其他相同顏色的形狀產生交集與合併。使用 **點滴筆刷工具** 時，請留意下列原則：

● 要合併的路徑，必須以堆疊順序彼此相鄰。

● 可以建立具有「填色」但沒有「筆畫」的路徑。如果要將以「點滴筆刷工具」所建立的路徑與現有圖形合併，請確認該圖稿二者是使用相同的顏色，而且沒有「筆畫」色彩。

● 使用 **點滴筆刷工具** 繪製路徑時，新路徑會與遇到的最相符路徑合併。若新路徑在相同的群組或圖層內碰到多個相符路徑，那麼，所有交集的路徑都會合併在一起。

雖然使用 **鉛筆工具**、**繪圖筆刷工具** 或 **點滴筆刷工具** 所繪製出來的線條乍看之下並無差異，只要執行 **檢視 > 外框** 指令就能看出它們之間的差異：一是開放式的路徑、另一是封閉式的路徑。完成後執行 **檢視 > GPU 預視** 指令，切換回預設的檢視模式。

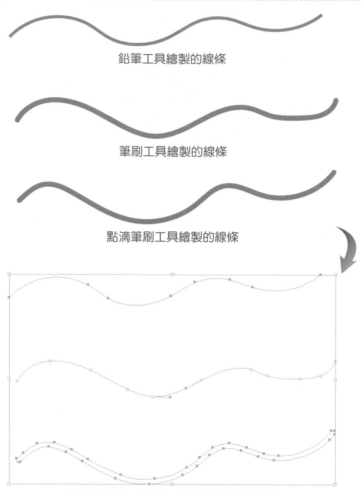

鉛筆工具繪製的線條

筆刷工具繪製的線條

點滴筆刷工具繪製的線條

執行「檢視 > 外框」指令即可看出差異

🔹 **説明**

使用最新版的 Illustrator，預設即會啟用 **GPU** 效能，指的是可以在圖形處理器上進行演算，特別是在已安裝 Nvdia GPU 顯示卡的作業系統。如果發現因 GPU 卡導致 Illustrator 效能延遲，可以將預視模式變更為 **CPU 預視**，或更新 GPU 驅動程式。

STEP 1 點選 **點滴筆刷工具** ，在畫板中任意繪圖或寫字。

STEP 2 在繪圖的過程中，試著讓筆畫交叉或重疊，完成後以 **選取工具** 選取剛剛所繪製的物件，此時會發現，雖然物件是在不同的時間點所繪製，但卻能融合為單一物件。

我們再使用一個範例說明 **點滴筆刷工具** 的應用。

STEP 1 點選 **點滴筆刷工具** ，在畫板中以滑鼠拖曳的方式塗抹出三道不同顏色的形狀，如下圖所示。

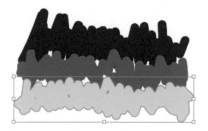

不同顏色雖然重疊但不會合併成相同物件

STEP 2 使用 **選取工具** 將範例中的文字移動到色塊上方，並視需要調整文字物件的大小。

STEP 3 同時選取範例中的文字與色塊，執行 **物件 > 剪裁遮色片 > 製作** 指令。

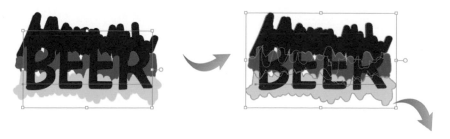

文字已套用手繪特製顏色

說明

如果有繪圖板和感壓筆，快按二下 **點滴筆刷工具** ，可以透過 **點滴筆刷工具選項** 對話方塊設定筆刷 尺寸、角度、圓度 的「壓感式」，使其筆畫的呈現更接近手繪筆觸。

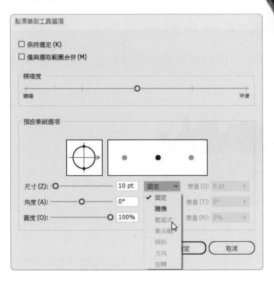

7 顏色設定與應用

- 選取顏色
- 顏色面板
- 色票面板
- 填色
- 透明度與漸變模式
- 使用漸層網格填色
- 即時上色
- 千變萬化的配色模式

Illustrator 提供了非常完整的色彩系統，可以配合 **色彩模式** 精確地定義色彩，同時也提供了 **色票** 選色的功能，最特別的是能夠配合印刷設計的需要轉換 **色彩模式** 並做 CMYK 輸出。

7-1　選取顏色

透過 **工具** 面板中的 **填色** 與 **筆畫** 可以設定繪圖物件要使用的顏色，或是使用 **檢色滴管工具** ✐ 選取色彩。

7-1-1　填色與筆畫

工具 面板中的 **填色** 與 **筆畫**，會顯示目前所選取物件的填色與筆畫顏色，同時也可以用它來進行切換和選色。

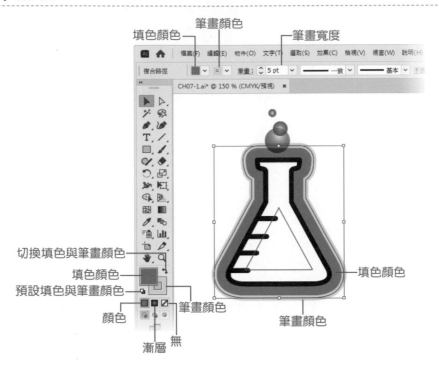

● **填色顏色**：點選之後可以設定物件路徑內部區域的 **顏色**、**圖樣** 或 **漸層**；若快按二下，會開啟 **檢色器** 對話方塊，可在其中選擇顏色。

● **筆畫顏色**：點選之後可以設定物件路徑的可見外框顏色和寬度；如果快按二下，會開啟 **檢色器** 對話方塊（參閱 7-1-2 節），可在其中選擇顏色。

● **預設填色與筆畫** **▣**：點取之後會將 **填色** 與 **筆畫** 顏色還原成系統的預設值。Illustrator 預設的 **填色顏色** 是 **白色**，**筆畫顏色** 是 **黑色**。

● **切換填色與筆畫** **▣**：點取之後可以將 **填色顏色** 和 **筆畫顏色** 的色彩互相調換。

● **顏色** **▢**：按下後會將前次選取的純色，套用到具有漸層填色或沒有筆畫顏色、填色顏色的物件。

● **漸層** **▣**：按下後會將目前選取的填色，變更為前次選取的漸層顏色。

● **無** **▨**：移除所選取物件的 **填色顏色** 或 **筆畫顏色**。

使用 **控制** 面板中的 **填色顏色** 與 **筆畫顏色** 屬性，也可以針對所選取的物件設定顏色和筆畫。

● 按一下 **填色顏色** 或 **筆畫顏色** 屬性會顯示 **色票** 面板；如果先按 Shift 鍵再點選，則會顯示 **顏色** 面板，然後從中選擇顏色。

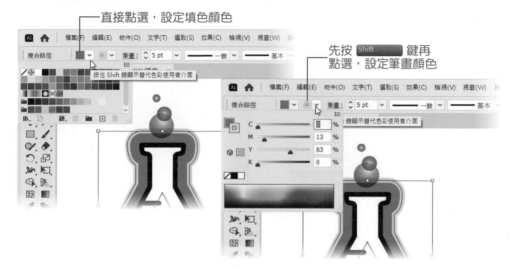

直接點選，設定填色顏色

先按 Shift 鍵再點選，設定筆畫顏色

● 按一下 **控制** 面板上的 **筆畫** 文字超連結，同樣會顯示 **筆畫** 面板，從中可以設定筆畫的相關屬性。

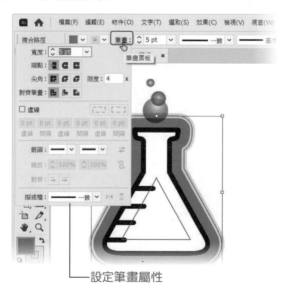

設定筆畫屬性

● **筆畫寬度** 屬性可以從 **控制** 面板中對應的清單選擇，或是直接輸入。

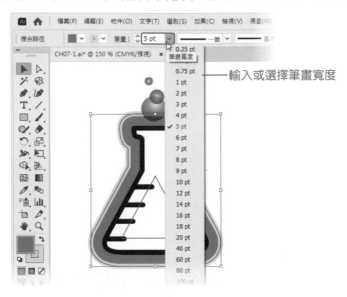

輸入或選擇筆畫寬度

7-1-2 檢色器

快按二下 **工具** 面板中的 **填色顏色** 或 **筆畫顏色**，會開啟 **檢色器**，可以在其中直接取樣選色、輸入數值選色或自訂顏色。

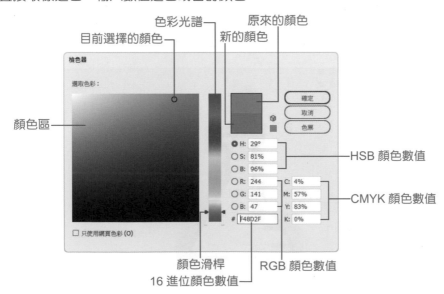

直接取樣選色

　　使用滑鼠直接在「顏色區」上點選所要設定的色彩，可以直接選色。如果要變更 **檢色器** 所顯示的 **色彩光譜**，請點選色彩模式中的字母：H（色相）、S（飽和度）、B（亮度）或 R（紅色）、G（綠色）、B（藍色），然後可以拖曳 **顏色滑桿** 控制顏色的濃度或決定色系。

建議色彩

超出列印色域的溢色警告

不是網頁用色彩的警告

建議色彩

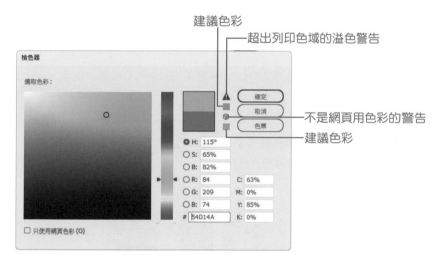

說明

- HSB 是以光的特性所建構的色彩模式，H（Hue, 色相）、S（Saturation, 彩度）、B（Brightness, 明亮度）。

- 部分 RGB 或 HSB 所定義的色彩是四色印刷（CMYK 模式）無法印出的顏色，稱之為「超出列印的色域」，選用時會顯示警告訊息並建議可使用的相近顏色，點選之後即可切換所建議的色彩。

- 部分的 RGB 或 HSB 所定義的色彩無法在網頁上顯示，這時會出現「不是網頁用的色彩」的警告圖示，按一下該圖示即可切換到所建議的網頁安全色彩。若要避免這種現象，選擇顏色之前可以勾選 ☑ **只使用網頁色彩** 核取方塊。

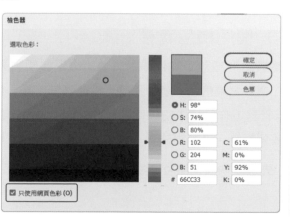

輸入數值選色

直接在 **檢色器** 中輸入色彩模式對應的參數值,可以指定要套用的顏色。當你在任意色彩模式中定義顏色(例如:CMYK),其他色彩模式(例如:RGB、HSB)也會顯示對應的數值,**顏色區** 會標示出所定義的顏色。

- **HSB 模式**:H 範圍為 0 至 360,S 和 B 範圍為 0% 至 100%。
- **RGB 模式**:RGB 各原色的每一參數範圍為 0 至 255,0 為黑色、255 為純色。
- **CMYK 模式**:CMYK 各原色的每一參數範圍均為 0% 至 100%。

說明

如果不要透過 **色彩模式** 的 **色彩光譜** 定義顏色,可以按【色票】鈕切換為色票檢視或按【色彩模式】鈕回復以色彩模式檢視。

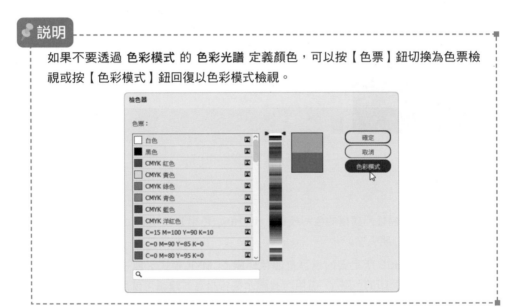

7-1-3 使用檢色滴管工具

繪製圖形或設定物件顏色時,如果想要使用某一影像或物件上的色彩,但又不知道其對應的色彩值,那麼,**檢色滴管工具** 是個好幫手。檢色滴管工具 以針對工作區域中的物件進行取樣選色,取樣的來源可以是圖稿中可見的任何影像或物件,並套用色彩、文字和外觀屬性及效果。

STEP **1** 先選取要設定顏色的物件,再點選 **工具** 面板中的 **填色顏色**。

STEP 2 點選 **檢色滴管工具** 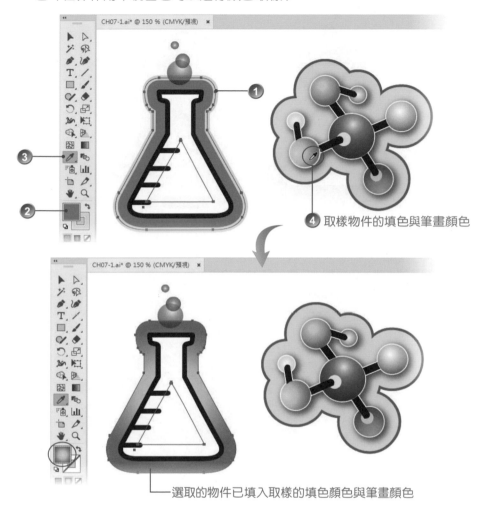 並使用滑鼠在已開啟圖稿的任何影像或物件上選取顏色（在非作用中視窗也可以進行顏色取樣）。

④ 取樣物件的填色與筆畫顏色

選取的物件已填入取樣的填色顏色與筆畫顏色

　　如果只想將取樣顏色填入到選取物件的「外框」（筆畫）顏色，請參考下列說明操作。

STEP 1 先選取要設定顏色的物件，再點選 **工具** 面板中的 **筆畫顏色**。

STEP 2 點選 **檢色滴管工具** ，先按 Shift 鍵，再使用滑鼠游標在已開啟圖稿的任何影像或物件上選取顏色（在非作用中視窗也可以進行顏色取樣）。

選取的物件已填入取樣的筆畫顏色

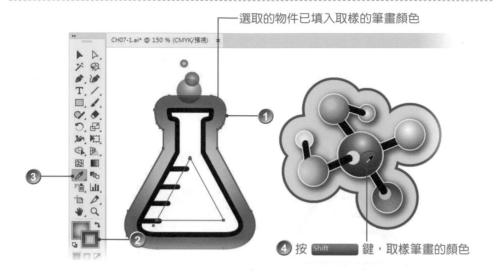

④ 按 Shift 鍵，取樣筆畫的顏色

📌 **説明**

如果單純想要知道某一色彩值，只要使用 **檢色滴管工具** 🖉 在物件上方點選，再開啟 **檢色器** 對話方塊即可得知。

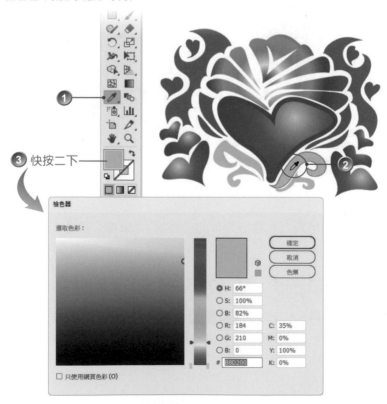

7-2 顏色面板

顏色 面板可以將色彩套用至物件的 **填色** 和 **筆畫**，也可以建立自訂色彩；定義顏色的方法是拖曳 **色彩模式** 中各原色的滑桿調整。按一下工作區域右側 **面板群組** 上的 **顏色面板** 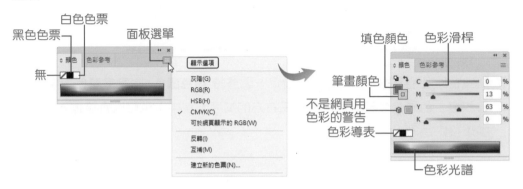 鈕，或按 **F6** 鍵，即可開啟 **顏色** 面板，預設只會顯示基本選項。

STEP **1** 按 **面板選單** 鈕，選擇要使用的色彩模式。所選取的色彩模式只會影響 **色彩** 面板的顏色顯示，不會變更圖稿的色彩模式。

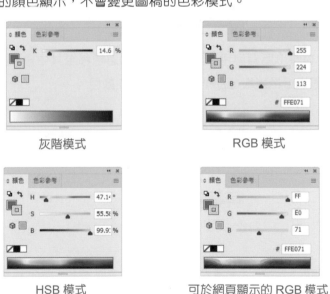

灰階模式　　　　　　　　　　RGB 模式

HSB 模式　　　　　　　可於網頁顯示的 RGB 模式

STEP **2** 使用滑鼠點選 **顏色** 面板上的 **填色顏色** 或 **筆畫顏色**，決定所要設定的色彩是 **填色** 或 **筆畫**。

設定填色顏色　　　　　　　　　設定筆畫顏色

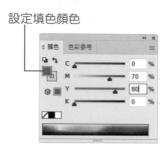
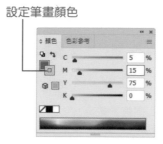

STEP **3** 拖曳各原色的滑桿可以進行色彩設定，調整時 **填色顏色** 或 **筆畫顏色** 會跟著改變，色彩的參數值也會出現在右方的文字方塊中；也可以直接輸入數字來設定色彩。

STEP **4** **色彩光譜** 中會顯示所有可用的色彩，將滑鼠游標移至其中會變成 **滴管** ✎ 樣式，在上面進行色彩取樣即能設定要使用的顏色。

 説明

如果不要選取顏色，請按「色彩導表」左側的 **無**；選取 **白色**，請按 **白色色票**；選取 **黑色**，則按 **黑色色票**。

7-3　色票面板

　　色票 是指已命名的顏色、色調、漸層和圖樣；**色票** 面板中會顯示所有與圖稿相關的色票，可以設定圖稿中物件的色彩、漸層、圖樣與刷淡色。按一下工作區域右側 **面板群組** 上的 **色票面板** 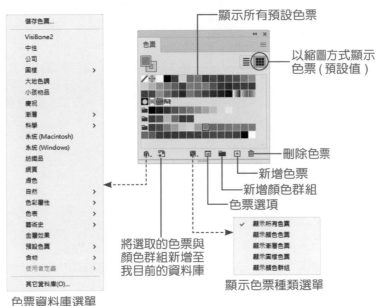 鈕，或執行 **視窗 > 色票** 指令，即可開啟 **色票** 面板。

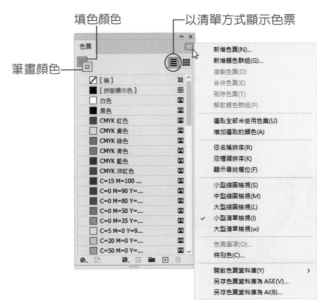

　　若點選 **面板選單** 中的 **開啟色票資料庫** 指令，或按面板下方的 **色票資料庫選單** 鈕，可以選擇要使用的 **色票資料庫**，例如：**網頁**、**自然 > 花朵**、**藝術史 > 巴洛克風格**⋯等，點選後會以獨立的面板開啟。

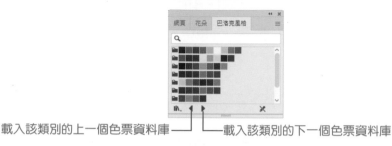

載入該類別的上一個色票資料庫 ────────┐　　┌──── 載入該類別的下一個色票資料庫

　　為了方便尋找所要套用的色彩，視需可以選擇色票的顯示方式，只要按面板下方的 **顯示色票種類選單** 鈕即可切換。

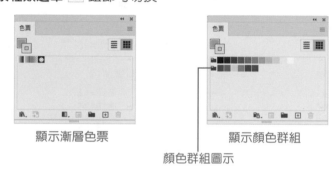

顯示漸層色票　　　　　　　　　　　　顯示顏色群組

顏色群組圖示

7-3-1 套用色票顏色

　　使用下列二種方式可以將指定的色票色彩套用到物件的 **填色** 或 **筆畫**。

● 選取要設定的物件後，先在 **色票** 面板中點選 **填色顏色** 或 **筆畫顏色**，再將滑鼠游標移到所要套用的顏色上方，游標會變成 狀態，便可點取需要的顏色。

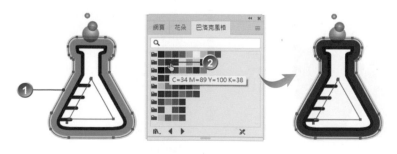

● 直接將要套用的色彩，從 **色票** 面板拖曳到要套用的物件上，然後鬆開滑鼠按鍵，物件即會套用指定的色彩。

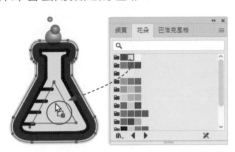

7-3-2 新增色票

視需要可以新增印刷色、特別色或漸層色色票。

STEP **1** 選取含有要使用顏色的物件。

STEP **2** 按一下 **色票** 面板下方的 **新增色票** ☐ 鈕。

STEP **3** 出現 **新增色票** 對話方塊，輸入 **色票名稱** 之後，按【確定】鈕，即可新增色票色彩。

STEP **4** 你也可以將設計好的圖樣新增為色票，只要點選之後將其拖曳到 **色票** 面板的空白處，鬆開滑鼠按鍵即可。

7-3-3 刪除色票

若要 **刪除色票**，請以滑鼠在 **色票** 面板中點選要刪除的色彩，按 **刪除色票** 🔳 鈕；出現警告訊息，按【是】鈕，即可刪除指定的色票色彩。

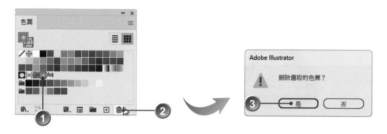

說明

無論在 **色票** 面板中執行 **新增** 或 **刪除** 色票的動作，其影響的範圍僅限於目前作用中的 Illustrator 文件，對於其他已存在或新增的文件不會有影響。

7-3-4 新增顏色群組

新增顏色群組 的功能，可以將常用的色票組成群組，或將選取物件中所有的填色、筆畫色彩組成群組，但此功能只能應用在「純色」色票。

STEP **1** 選取要建立顏色群組的物件，或在 **色票** 面板、**參考色彩** 面板中選取一或多個色票。

STEP **2** 按 **色票** 面板下方的 **新增顏色群組** 🔳 鈕。

STEP **3** 出現 **新增顏色群組** 對話方塊，輸入 **名稱**；此範例因為已選取圖稿中的物件，所以會自動點選 ⊙ **選取的圖稿** 選項，按【確定】鈕。

◆ **將印刷色轉換為整體色**：若勾選此核取方塊，會將所有色彩都轉換為整體色。

◆ **包含刷淡色的色票**：若勾選此核取方塊，會將物件中所使用相同顏色的刷淡色彩也轉換為色票。

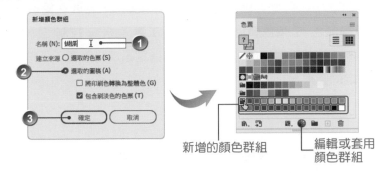

新增的顏色群組 　　　　編輯或套用
　　　　　　　　　　　顏色群組

7-3-5 編輯顏色群組

新增顏色群組之後，可以再次修正色彩。只要先選取要編輯的「顏色群組」圖示，按 **色票** 面板上的 **編輯或套用顏色群組** 🔘 鈕，即可透過 **編輯色彩** 或 **重新上色圖稿** 對話方塊調整色彩。

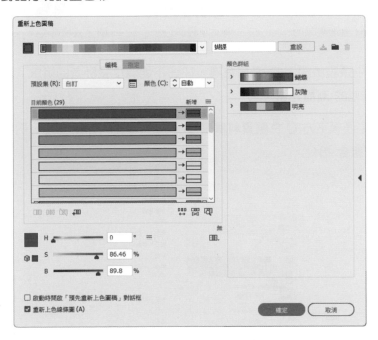

7-4 填色

前一章曾說明如何繪製線條、路徑與幾何圖形，若要在繪製物件的同時填入指定的 **筆畫顏色** 或 **填色顏色**，可以先在 **工具** 面板或 **控制** 面板中設定之後再開始繪圖。這一節將說明如何在現有物件的指定區域或筆畫（外框），填入純色、漸層色或特定的圖樣。

7-4-1 使用漸層色票填色

透過 **漸層**、**色票** 或 **顏色** 面板，可以建立專屬的漸層色彩。**色票** 面板預設會顯示 **線性** 與 **放射狀** 二類型的 **漸層色票**，點選之後即能套用。

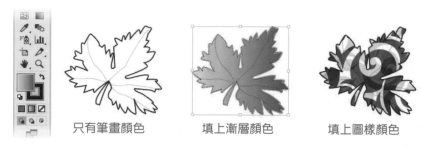

只有筆畫顏色　　　　　填上漸層顏色　　　　　填上圖樣顏色

Illustrator 中預設所顯示的 **漸層色票**，往往不能滿足設計者的需求，請參考下列方式載入其他的 **漸層色票**。

STEP **1** 點選 **色票** 面板下方的 **色票資料庫選單** [Ⅳ] 鈕，選擇 **漸層** 類別，例如：**漸層 > 色彩組合** 指令。

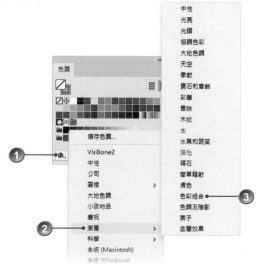

STEP **2** 系統會以獨立的面板顯示指定的漸層色票資料庫，即可選擇要套用的漸層色，將其填入物件的指定區域。

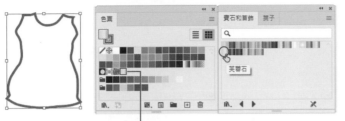

所點選的漸層色會同步加入到「色票面板」中

7-4-2 使用漸層工具建立漸變效果

在物件的某一封閉路徑填入漸層色之後，可以再透過 **漸層工具**  調整漸層色彩的分佈角度，產生漸變效果。

STEP **1** 點選已填入漸層色彩的封閉路徑或物件。

STEP **2** 點選 **漸層工具** ，將滑鼠游標放在要定義漸層的起點，按住滑鼠左鍵拖曳繪製漸層色彩的分佈方向和範圍，鬆開滑鼠按鍵，即會出現漸層色彩的漸變效果。

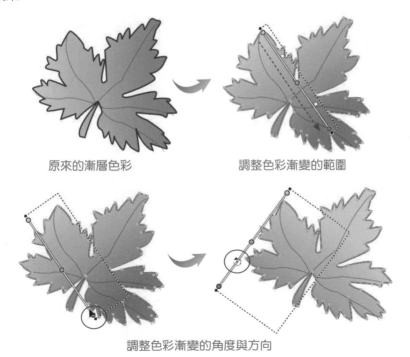

原來的漸層色彩　　　　　　　　調整色彩漸變的範圍

調整色彩漸變的角度與方向

STEP **3** 如果想刪除漸層色中的某一顏色，請先將滑鼠移到「漸層列」上，此時會顯示漸層所使用的顏色，以滑鼠點選要刪除的顏色色標並往外拖曳，即能將其移除。

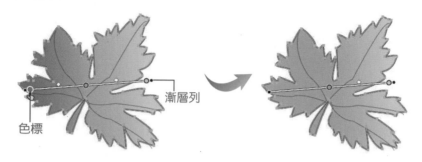

漸層列

色標

STEP **4** 拖曳顏色色標可以調整色彩的分佈。

STEP **5** 如果要新增漸層色中的顏色，請先將滑鼠移到「漸層列」上方要新增顏色的位置，當游標呈現 ▷ 狀態時按一下滑鼠左鍵，即會新增一個 **色標**；在顏色色標上快按二下滑鼠左鍵即可透過面板修改顏色。

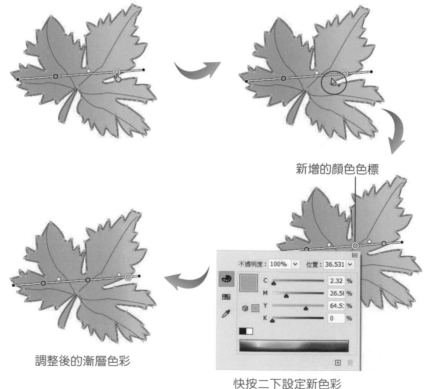

新增的顏色色標

調整後的漸層色彩

快按二下設定新色彩

7-4-3 漸層面板

按下 **工具** 面板中的 **漸層** 鈕，或是在 **色票** 面板中選取某一漸層色時，**漸層** 面板會即時顯示相關屬性，記錄漸層色的分佈狀態。

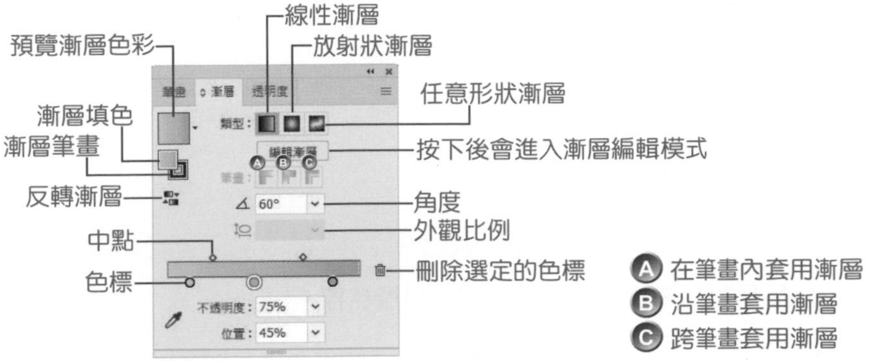

線性漸層
預覽漸層色彩
放射狀漸層
任意形狀漸層
漸層填色
漸層筆畫
按下後會進入漸層編輯模式
反轉漸層
角度
外觀比例
中點
色標
刪除選定的色標
筆畫
漸層
透明度
類型：
編輯漸層
60°
不透明度：75%
位置：45%
A 在筆畫內套用漸層
B 沿筆畫套用漸層
C 跨筆畫套用漸層

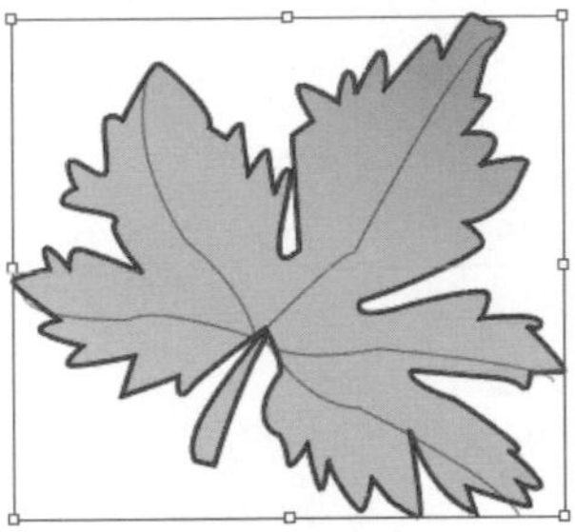
線性漸層

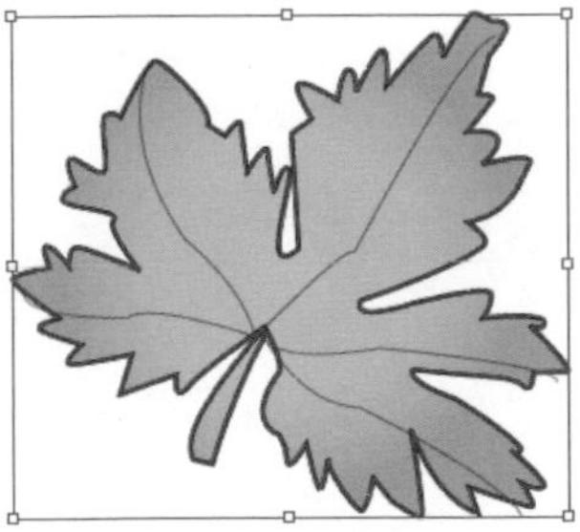
放射狀漸層

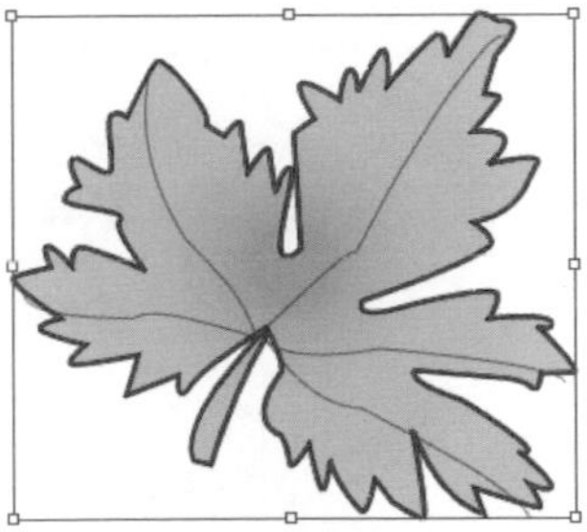
反轉漸層

套用筆畫漸層

選取要套用筆畫漸層的物件之後，點選 **工具** 面板上的 **漸層** 鈕，即能透過 **漸層** 面板輕鬆在筆畫上套用指定的漸層色。

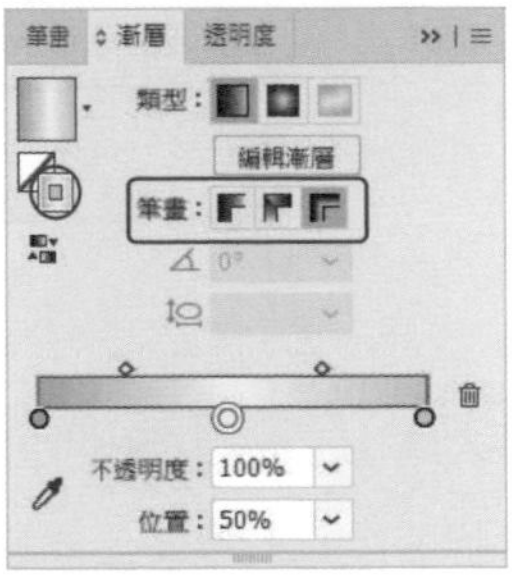

筆畫
漸層
透明度
類型：
編輯漸層
筆畫：
不透明度：100%
位置：50%

- **在筆畫內套用漸層**：與將筆畫展開後搭配漸層填色相同。
- **沿筆畫套用漸層**：會沿著筆畫的長度套用漸層色。
- **跨筆畫套用漸層**：以跨越 **筆畫寬度** 的方式套用漸層色。

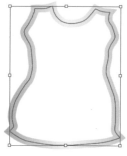

在筆畫內套用漸層　　　沿筆畫套用漸層　　　跨筆畫套用漸層

定義漸層的顏色

STEP **1** 在 **漸層** 面板中快按二下要定義顏色的 **漸層色標**。

STEP **2** 預設會以「浮動」的方式顯示 **顏色** 面板，在其中定義顏色或直接於光譜
列上點選。

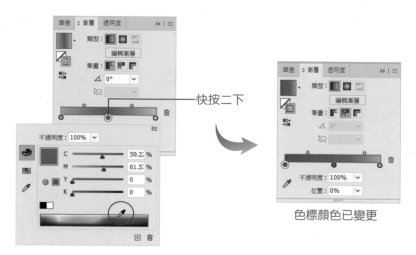

快按二下

色標顏色已變更

新增或移除漸層中的顏色

STEP **1** 如果要將某一個顏色從漸層中移除，只要以滑鼠按住該 **漸層滑桿** 往面板
外拖曳後鬆開即可。

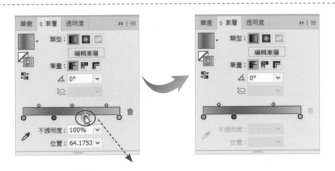

STEP 2 如果要在漸層中新增顏色,請將滑鼠移到要新增顏色的位置,當游標呈現 ▷₊ 狀態時按一下滑鼠左鍵,即會新增一個 **漸層色標**。

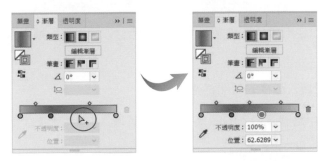

新增漸層色票

新的漸層色定義好後,為了能在圖稿中再次應用,可將其新增到 **色票** 面板。

STEP 1 參考前述說明定義好新漸層色。

STEP 2 展開 **色票** 面板下方的 **新增色票** ⊡ 鈕。

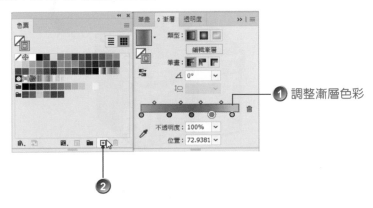

❶ 調整漸層色彩

❷

_{STEP} **3** 出現 **新增色票** 對話方塊，輸入色票的 **名稱**，按【確定】。

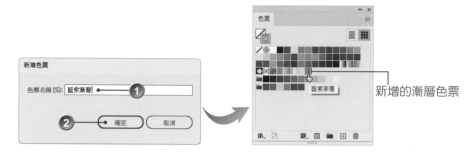

新增的漸層色票

7-4-4 使用圖樣填色

物件中除了可以使用顏色－純色或漸層色填色之外，也可以填入預設或自訂的圖樣。

_{STEP} **1** 選取物件上要填入圖樣的封閉路徑。

_{STEP} **2** 在 **色票** 面板中點選要填入的圖樣，即可將其填入指定物件的封閉路徑。

Illustrator 中預設所顯示的 **圖樣色票**，往往不能滿足設計者的需求，請參考下列方式載入其他的 **漸層色票**。

STEP 1 點選 **色票** 面板下方的 **色票資料庫選單** 鈕，選擇 **圖樣** 類別，例如：**圖樣 > 自然 > 自然 _ 葉子** 指令。

STEP 2 系統會以獨立的面板顯示指定的圖樣色票資料庫，即可選擇要套用的圖樣，將其填入物件的指定區域。

 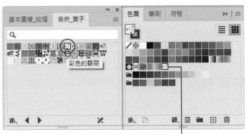

所點選的圖樣會同步加入到「色票面板」

7-5　透明度與漸變模式

無論在物件的封閉路徑中填入什麼樣的色彩，都可以再透過 **透明度** 面板調整填色的透明度，使其顏色呈現出半透明。此外，如果要在重疊的物件上套用 **不透明度** 值，還可以設定 **漸變模式**，產生更多令人驚奇的效果！

7-5-1 設定透明度

執行下列任何一項作業,都可以在圖稿中加入透明度。

● 降低選取物件的不透明度,讓位於其下方的圖稿能夠看得見。

● 使用 **不透明度遮色片** 建立不同的透明度。

● 使用 **漸變模式** 可以變更重疊物件之間顏色的互動方式。

● 套用包含透明度的 **漸層**、**網格**、**特效** 或 **繪圖樣式**(例如:**陰影**)。

● 置入包含透明度的 Adobe Photoshop 影像檔案。

　　使用 **透明度** 面板可以指定物件的 **不透明度** 和 **漸變模式**,產生 **不透明度遮色片**,或是以透明的物件覆蓋在上方重疊部分,去除物件的底色。按一下工作區域右側面板群組上的 **透明度面板** ◐ 鈕,或按 Shift + Ctrl + F10 鍵,即可開啟 **透明度** 面板。

設定漸變模式　　　　　　　　　　　　　　　透明度設定
圖層內的物件縮圖　　　　　　　　　　　　　建立不透明度遮色片

● **剪裁**:為遮色片提供黑色背景,以便將遮色處理的圖稿剪裁成遮色片物件的邊框。

● **反轉遮色片**:會反轉遮色片物件的透明度,也就是反轉遮色處理圖稿的不透明度:例如:90% 透明度的區域執行遮色片反轉後,會變成10% 透明度。

STEP **1** 選取要進行半透明填色的物件或群組。

STEP **2** 在 **透明度** 面板上輸入 **不透明度** 的數值或拖曳滑桿,即可調整指定顏色的透明度。

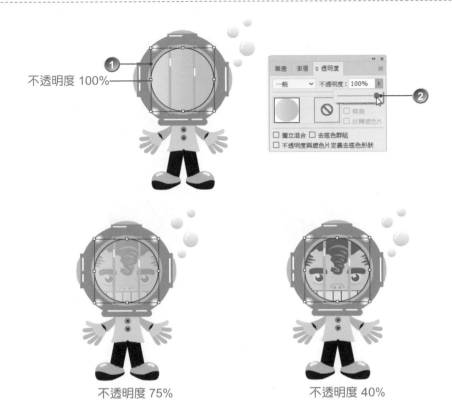

不透明度 100%

不透明度 75%　　　　　　　不透明度 40%

7-5-2 建立半透明圖層

　　如果希望圖稿中的某一圖層上原有或新增的物件都設定為半透明，可以直接設定「半透明圖層」。

STEP **1** 展開 **圖層** 面板，點選要設定為「半透明」圖層及其中的所有物件。

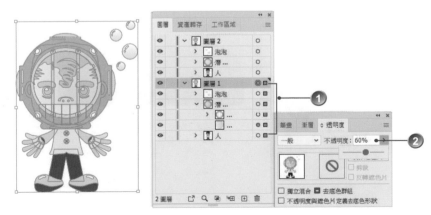

STEP **2** 在 **透明度** 面板上，輸入 **不透明度** 數值，例如：60%；如此一來，此圖層上所有物件的填色都會被設定為半透明，且之後在這個圖層中所建立的物件，其填色色彩也都會自動設定為半透明。

圖層 1 內的所有物件皆呈半透明狀態

圖層 2 沒有設定不透明度

7-5-3 製作不透明度遮色片

這一小節將透過範例，說明如何讓物件中的某一部分呈現半透明狀態，而某一部分又能完整呈現，其所應用的就是 **不透明度遮色片**。一般會以 **填色顏色** 為 **灰階**（黑白漸層）的物件做為 **遮色片**。**遮色片** 中的「黑色」區域會使物件整個透明，「灰色」區域會使物件呈現半透明，「白色」區域則會完全呈現。

STEP **1** 使用 **矩形工具** 在要製作遮色片的物件上方繪製一個矩形，並將它的 **填色顏色** 設定為「黑白漸層」，視需要可以使用 **漸層工具** 調整漸層色彩的分佈。

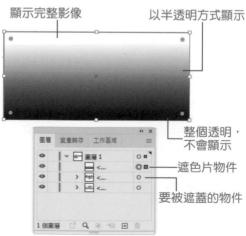

顯示完整影像

以半透明方式顯示

整個透明，不會顯示

遮色片物件

要被遮蓋的物件

STEP **2** 將遮色片物件移到要被遮蓋的物件上方。

STEP **3** 先選取要被遮蓋的物件和遮色片物件，然後按 **透明度** 面板上的【製作遮色片】鈕。

要被遮蓋的物件　　遮色片

套用不透明遮色片的結果

STEP **4** 點選 **透明度** 面板中的 **不透明遮色片**，可以再次調整遮色片的位置或 **不透明度** 的值。

STEP **5** 若取消勾選 □ **剪裁** 核取方塊，遮色片物件之外的影像會保留下來。

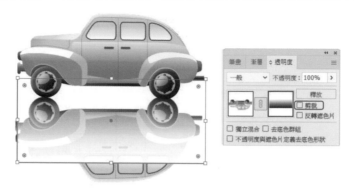

STEP **6** 若勾選 ☑ **反轉遮色片** 核取方塊，會將原來遮色片物件的黑白漸層填色以反向方式顯示影像。視需要也可以同時勾選 ☑ **剪裁** 與 ☑ **反轉遮色片** 核取方塊。

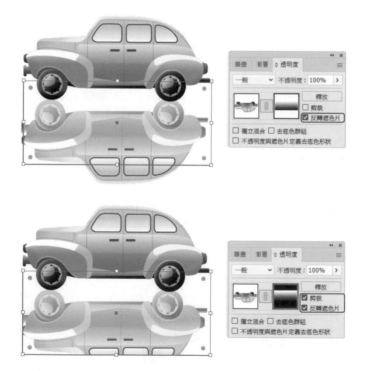

STEP **7** 如果要還原物件原本的樣貌，請按 **透明度** 面板上的【釋放】鈕。

7-5-4 漸變模式

在重疊的物件上套用不同的 **漸變模式**，可以創造出多變的風格。計算 **漸變模式** 的結果時，是依影像或物件的 **色彩模式** 將像素中的每一個參數（例如：RGB 或 CMYK）分別計算；RGB 的數值分別為 0 至 255，CMYK 的數值分別為 0% 至 100%。套用 **漸變模式** 的物件會與下層物件的色彩進行互動，計算出不同的色彩顯示結果。

- **一般**：是 Illustrator 預設的漸變模式，上層物件的顏色會蓋住下層物件的色彩；若蓋上的顏色是半透明時才會透出底部的色彩。

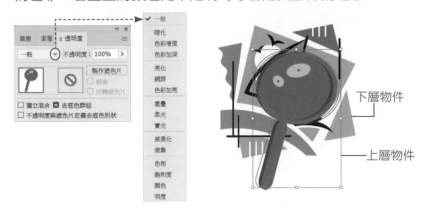

- **暗化**：會比較二者顏色的亮度，捨棄較亮的顏色，以較暗的顏色取代。

- **色彩增值**：將二者色彩相乘（A×B÷255），因此顯示結果較原色彩深。任何色彩和黑色相乘均變為黑色，和白色相乘則不會改變顏色，效果和二張正片重疊相同。

暗化　　　　　　　　　　　色彩增值

● **色彩加深**：將像素的色彩亮度降低以顯示出繪製上去的色彩。用白色繪製時不改變影像色彩。

● **亮化**：與 **暗化** 模式相反，以較亮的顏色取代較暗的顏色。

色彩加深　　　　　　　　　　　　　亮化

● **網屏**：是將繪圖色和底色的互補色相乘再轉為互補色，因此會有漂白的效果。使用黑色網屏時，原來的顏色不會改變；使用白色網屏時，都會變成白色。其效果和二張負片重疊後沖洗出來的相片相同。

● **色彩加亮**：將像素的色彩亮度調高以顯示出繪製上去的色彩。用黑色繪製時不改變影像色彩。

網屏　　　　　　　　　　　　　　　色彩加亮

● **重疊**：將繪圖色和底色混合，同時仍然保持原有底色的明暗。

● **柔光**：類似柔和光線照射在畫面上的效果。如果繪圖顏色較 50％ 中密度灰色亮，會增加底色的亮度；若繪圖顏色較 50％ 中灰色暗，則會加深底色。

重疊

柔光

- **實光**：類似在圖稿上照射刺眼的聚光燈。若繪圖顏色較 50％中灰亮，則會以「濾色」模式混合，有漂白和增加亮部的效果；反之則以 **色彩增值** 模式混合，可以增加暗部。

- **差異化**：以二者顏色的差異值作為新的顏色，計算時以亮度較高的顏色減掉亮度較低的顏色。

實光

差異化

- **差集**：效果近似 **差異化** 模式但是對比較低。

- **色相**：混合後色彩的亮度及飽和度與底色相同，但是 **色相** 則由繪圖顏色決定。

- **飽和度**：混合後的色彩及明度與底色相同，而飽和度由繪圖色決定。

- **顏色**：混合後的明度與底色相同，而由繪圖色決定色彩與飽和度。

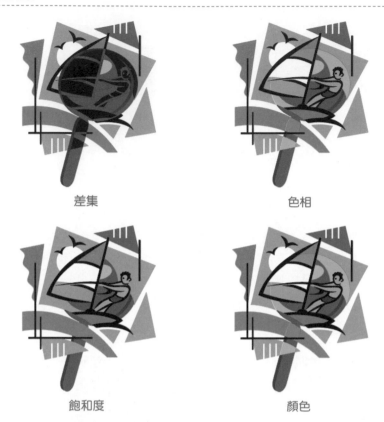

差集　　　　　　　　　　　色相

飽和度　　　　　　　　　　顏色

● **明度**：與 **顏色** 模式相反，混合後的明度是由繪圖色決定，而色彩與
　飽和度由底色決定。

明度

7-6 使用漸層網格填色

網格物件 是一個擁有多重色彩的物件，內部顏色可往不同方向填色。建立網格物件後，會有數條 **網格線** 在物件上形成十字交叉，透過移動、編輯 **網格線** 上的 **網格點**（菱形）、**錨點**（正方形）、**方向控制把手**，可以改變顏色位移的強度，或彩色區域的範圍。

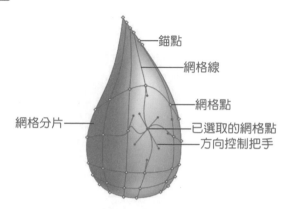

- **網格點**：二條 **網格線** 的交錯位置，以「菱形」顯示，包含 **錨點** 的所有屬性，但是多了可以接受顏色的屬性。

- **錨點**：以「正方形」顯示，就如同所有 Illustrator 路徑物件的任何 **錨點**。**錨點** 可以放在任何一條網格線上，點選 **錨點** 然後拖移其 **方向控制把手**，就能修改該 **錨點**。

- **網格分片**：由任何四個 **網格點** 所包圍形成的區域，即稱為 **網格分片**。不同的 **網格分片**，點選之後可以填入不同的顏色。

7-6-1 建立包含不規則網格點的網格物件

使用 **網格工具** 可以用水建立包含不規則網格點圖樣的網格物件。

STEP 1 點選 **工具** 面板中的 **網格工具** ，滑鼠游標會變成 圖示。

STEP 2 先選擇 **填色顏色**，再點選要建立漸層網格填色的物件，點選的物件上方即會產生 **網格點** 與 **網格線**。

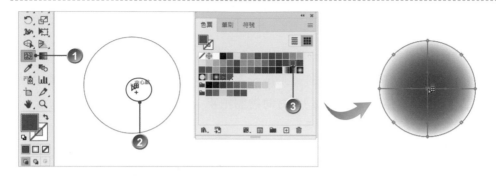

STEP **3** 繼續按滑鼠點選物件，可以加入其他的 **網格點** 與 **網格線**。

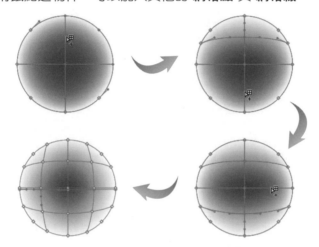

STEP **4** 如果要變更網格分片的填色，請先使用 **直接選取工具** ▷ 選取要變更區域
的錨點，再於 **色票** 面板中點選色彩。

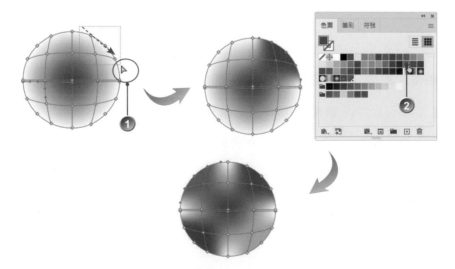

STEP **5** 按住錨點拖曳，可以改變位置來調整物件。

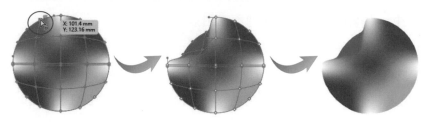

💬 **説明**

先按 Shift 鍵，再以 **網格工具** 🔢 按滑鼠點選，可以加入不改變目前 **填色** 顏色 的 **網格點**。

7-6-2 建立包含規則網格點的網格物件

使用 **建立漸層網格** 指令可以將選取的「向量物件」轉換為包含規則網格點的網格物件。

STEP **1** 選取已經填色的物件，執行 **物件 > 建立漸層網格** 指令。

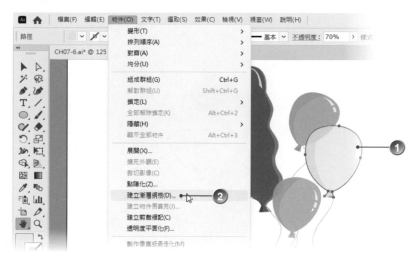

STEP **2** 出現 **建立漸層網格** 對話方塊，輸入 **橫欄** 與 **直欄** 設定網格格線的數目，在 **外觀** 清單中選擇顏色淡化的方向。

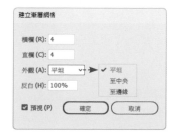

◆ **平坦**：將原始的填色平均地套用在物件表面，不會產生反白效果。

◆ **至中央**：在物件的中央區域建立反白效果。

◆ **至邊緣**：在物件的四周建立反白效果。

STEP **3** 輸入 **反白** 效果的百分比，數值越大，淡化的效果越強烈；視需要可勾選
☑ **預視** 核取方塊，預先檢視網格結果；完成設定後按【確定】鈕。

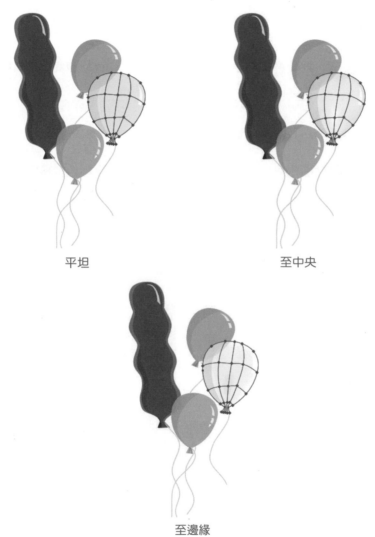

平坦　　　　　　　　　　　　　　　　　　至中央

至邊緣

7-7　即時上色

　　透過 **即時上色** 的功能，可以忽略物件繪製或排列的順序，也無須在意圖形物件位於哪一個圖層，它是一種全憑直覺即可創作彩色圖稿的方法，作業時可視為是在同一平面（同一張圖畫紙）上的不同區域來進行著色，其著色的範圍遍及「邊緣」和「面」。「邊緣」指的是其中一條線段（路徑）和其他線段（路徑）交會的部分，「面」指的是由一個或數個「邊緣」所圍成的區域。就像是在著色簿上著色，或是以水彩代替鉛筆素描上色一樣。但最神奇的是，當你移動或調整其中某路徑的形狀時，Illustrator 會自動將填色重新套用到新路徑所形成的區域中。

　　下圖是由三個無填色的矩形所構成，將其加入「即時上色群組」之後，矩形框線之間圍成的每一個區域即可視為獨立的面，使用 **即時上色油漆桶工具** 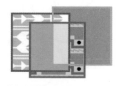 可以不同顏色為每一面「填色」，為每一邊緣套用「筆畫」。

原圖　　　　　　轉為即時上色群組之後　　　　重新編輯路徑形狀後，
即時上色會重新流排

7-7-1　建立即時上色群組

　　如果要針對物件中的每一面或每一邊緣填上不同的顏色時，請將圖稿轉換為即時上色群組。文字、點陣影像、筆刷或已套用特效的物件，無法直接建立「即時上色群組」，必須先將它們先轉換成為路徑，再將產生的路徑轉換到「即時上色群組」。

STEP **1** 選取一個或多個路徑、複合路徑，或全部選取。

STEP **2** 選擇 **即時上色油漆桶** 工具，點選剛才選取的路徑物件，使其成為「即時上色群組」。

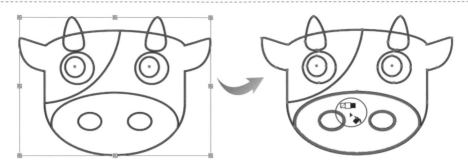

STEP **3** 在 **工具** 面板中點選 **填色**，再於 **色票** 面板中點選顏色；此時，滑鼠游標
會變成顯示三種色彩，中間是選取的色彩，左右二邊是二個相鄰的顏色，
按 ←、→ 鍵可以切換選取相鄰的顏色。

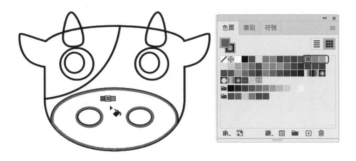

STEP **4** 在要上色的面上點選；或按住滑鼠左鍵拖曳跨過多個面，即可同時為多個
面上色。

STEP **5** 如果要針對邊緣上色，請先設定 **筆畫** 顏色，再將滑鼠移到要上色的邊緣，
先按住 Shift 鍵再點選即可替指定的邊緣上色。

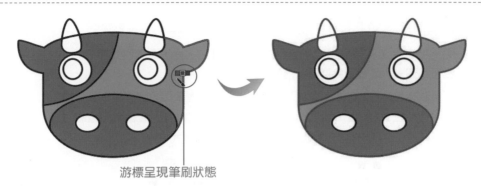

游標呈現筆刷狀態

STEP **6** 重複上述步驟，完成物件的即時上色。

📌 **說明**

- 請特別留意！將圖稿轉換為「即時上色群組」之後，無法還原到原始狀態。
- 連續按三下「面」，可以為目前所有相同顏色的「面」進行更換 **填色顏色**；先按住 Shift 鍵，再連續按三下邊緣，可以為所有顏色相同的「邊框」，更換 **筆畫顏色**。

7-7-2 編輯即時上色群組

若要選取已轉換為「即時上色群組」的物件，請使用 **即時上色選取工具** ⬚，可個別選取面或邊緣，再視需要修改顏色。

選取面

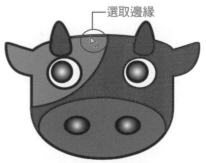

選取邊緣

💭 **說明**

🔵 先使用 **選取工具** ▶ 選取整個「即時上色群組」，再使用 **直接選取工具** ▷ 也可以選取「即時上色群組」內的路徑。

🔵 如果要在包含「即時上色群組」的複雜圖稿中輕鬆選取目標物件，請快按二下「即時上色群組」即會進入 **分離模式**，接著就能以一般編輯路徑的方式進行修改；完成之後按 **返回上一層級、結束分離模式** 鈕或 `Esc` 鍵。

7-7-3 展開與釋放即時上色群組

選取 **即時上色群組** 後，透過 **物件 > 即時上色** 子功能表中的指令，可再選擇將其 **釋放** 或 **展開**。

● **釋放**「即時上色群組」：可以使其變更成一或多個不含填色、且為 0.5 點寬度的黑色筆畫之原始路徑。

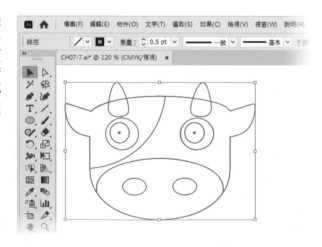

● 展開「即時上色群組」：可以使其變更成一或多個視覺上很類似「即時上色群組」，但其實已分成不同填色與筆畫的原始路徑。可以使用 **群組選取工具**  分別選取並修改這些路徑。

7-8　千變萬化的配色模式

設計圖稿時，如果對於色彩的組合不是那麼敏銳，或者想要嘗試不一樣的配色方式，可以開啟 **色彩參考** 面板協助你選擇物件色彩。**色彩參考** 面板會依據 **工具** 面板中目前的 **填色色彩**，建議色彩調和的顏色。你可以使用這些顏色為所繪製的物件上色，也可以透過 **編輯色彩 / 重新上色圖稿** 對話方塊編輯指定的顏色，還能將它們以 **顏色群組** 的方式新增到 **色票** 面板。

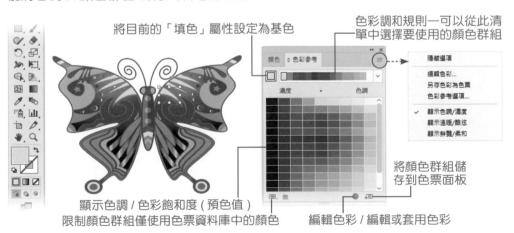

將目前的「填色」屬性設定為基色

色彩調和規則一可以從此清單中選擇要使用的顏色群組

顯示色調 / 色彩飽和度 (預色值)
限制顏色群組僅使用色票資料庫中的顏色

將顏色群組儲存到色票面板

編輯色彩 / 編輯或套用色彩

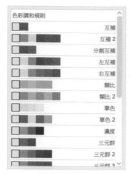

色彩調和規則—可以從此清
單中選擇要使用的顏色群組

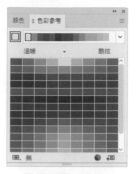

顯示溫暖／酷炫

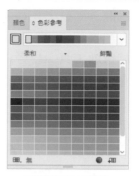

顯示柔和／鮮艷

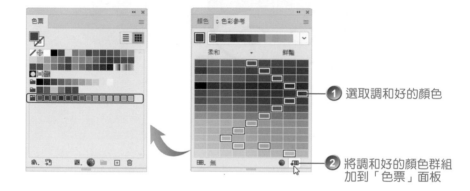

1 選取調和好的顏色

2 將調和好的顏色群組
加到「色票」面板

8

排列物件與改變物件外框

- 群組、鎖定與隱藏物件
- 排列圖形物件
- 剪下和分割物件
- 組合物件
- 液化變形
- 封套扭曲變形
- 漸變特效

　　隨著本書的內容進行到此，相信你已經學會如何繪製各式物件、上色與基本編輯方法。這一章將進一步說明有關向量圖形的 **群組、排列、分割、液化變形** 與 **漸變**…等進階編輯功能。

8-1　群組、鎖定與隱藏物件

　　費盡心血使用各種繪圖工具完成一份圖稿之後，如果要整個搬移或編修整組圖件中所有相同的物件屬性，不用一個一個地選取再進行修改，只要將這些物件像在班級中分組一樣，設定成一個一個的 **群組** 就可以一起行動了！

8-1-1　群組與解散群組

　　除了可以將一個一個的物件群組成單一物件之外，已經群組的物件也可以與另一物件或另一個群組物件再建立一個較大的群組物件。

群組物件

STEP **1** 將繪製妥當的個別物件排列妥當，使用 **選取工具** ▶ 框選或一一點選所有
要組成同一群組的物件；或在 **圖層** 面板中選取要組成群組的物件。

STEP **2** 按一下滑鼠右鍵，點選 **群組** 指令；或執行 **物件 > 組成群組** 指令。

將選取的路徑物件組成群組

將數個小群組組成大群組

STEP **3** 快按二下 **圖層** 面板中新增的群組，會出現 **選項** 對話方塊，請輸入這個群組
的 **名稱**，按【確定】鈕。

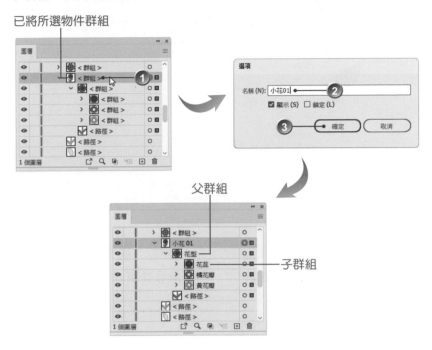

已將所選物件群組

父群組

子群組

STEP **4** 群組之後的物件，再使用 **選取工具** ▶ 點選後即可一起移動。

解散群組

STEP **1** 選取要解散的目標群組物件。

STEP **2** 按一下滑鼠右鍵，點選 **解散群組** 指令即可；或執行 **物件 > 解散群組** 指令。

8-1-2 選取與編輯群組物件

我們可以將群組物件視為一個獨立的物件進行 **縮放、旋轉、偏移** 或 **變更填色**…等編輯工作,而使用 **群組選取工具** 不用 **解散群組** 就能直接編輯指定的個別物件。

● 使用 **群組選取工具** 點選要編輯的群組物件中的單一物件,進行物件的編輯。

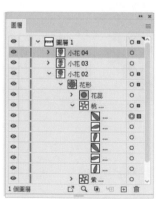

● 使用 **群組選取工具** 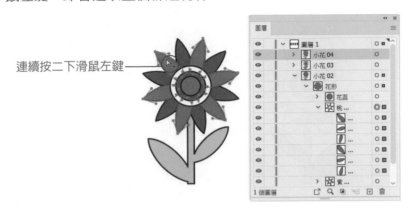 在要編輯的群組物件的一部分上連續按二下滑鼠左鍵，即會選取整個群組物件。

連續按二下滑鼠左鍵

8-1-3 鎖定與解除鎖定物件

選取或編輯物件的時候，如果要避免因選到其他物件而產生的意外，可以透過 **鎖定** 功能協助編輯。

鎖定選取範圍

STEP 1 選取要鎖定的物件，執行 **物件 > 鎖定 > 選取範圍** 指令。

STEP **2** 這時想要移動或編輯所點選的物件時，會發現物件已經被鎖定，無法進行任何編修作業。

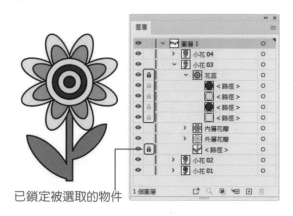

已鎖定被選取的物件

解除鎖定

如果要將原來鎖定的物件解除鎖定，只要執行 **物件 > 全部解除鎖定** 指令，或者在 **圖層** 面板中要解除鎖定物件的 **切換鎖定狀態** 欄位上按一下，即可解除。

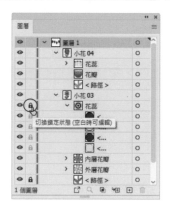

8-1-4　隱藏與顯示物件

隱藏物件和鎖定物件的功能很像，如果要編輯的物件與其他物件之間有重疊時，這個功能相當好用。一旦圖形物件被隱藏時，就無法用任何方式選取或修改；此外，由於隱藏的物件會暫時看不見，所以遇到需要編修的較複雜圖稿時，可以藉此提升工作效率。

隱藏選取範圍

STEP 1 選取要隱藏的物件，執行 **物件 > 隱藏 > 選取範圍** 指令。

STEP 2 隱藏所選取的物件，暫時無法進行任何編輯工作。

已隱藏被選取的物件

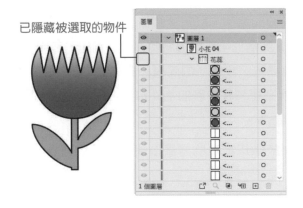

解除隱藏

如果要顯示原來已隱藏的物件，只要執行 **物件 > 顯示全部物件** 指令，或者在 **圖層** 面板中要解除隱藏物件的 **切換可見度** 欄位上按一下，即可解除。

8-2　排列圖形物件

　　熟悉 Illustrator 各項工具的操作與用途之後，功力會日益精進！這時所繪製的圖稿會更加精美，物件、花樣也愈來愈豐富，已從繪製單一物件，晉升到繪製整幅作品，很自然地，如何將這些已完成的物件排列、組合成適當的構圖就成為新課題。

8-2-1　物件的排列順序

　　拍照的時候曾有過被人擋住，以致於鏡頭上看不到你的經驗嗎？圖形物件在 Illustrator 中也有類似的情形。既然已將物件一一繪出，要完美的呈現在圖稿上，就免不了會產生你擋我、我擋他的問題，身為設計師得決定它們的排列順序。Illustrator 預設的狀態是越晚繪製的物件排列在最前（上）面，擋住所有和它重疊又比它早完成的物件。

● 可以在 **圖層** 面板中以拖曳的方式改變物件的排列順序。

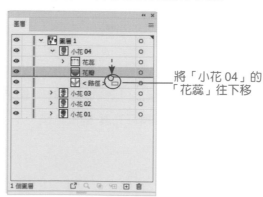

將「小花 04」的「花蕊」往下移

調整後「小花 04」

● 選取目標物件之後，執行 **物件 > 排列順序** 指令，再視需要執行對應的動作。

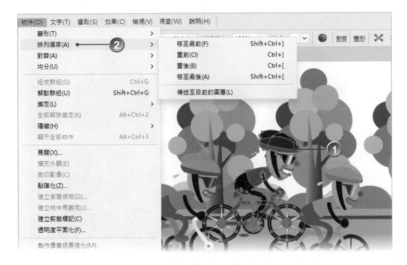

● 選取目標物件之後，按一下滑鼠右鍵也可以透過快選指令清單執行 **排列順序** 的相關指令。

◆ **移至最前**：將所選取的物件壓住所有與其重疊的物件，排到最前面（最上層）。

◆ **置前**：擋住目前離自己最近、壓住自己的物件。

◆ **置後**：讓離自己最近、被自己擋住的物件蓋住自己。

◆ **移至最後**：被所有和自己重疊的物件擋住，排到最後面（最下層）。

改變排序順序後的「鐵馬」物件已顯示在最後

説明

選取要改變順序的物件之後，按 Ctrl + 左中括號 或 右中括號 鍵，可往上或下移動一層；按 Ctrl + Shift + 左中括號 或 右中括號 鍵，可移動到 最上層 或 最下層。

8-2-2 物件的對齊與分佈

使用 **排列順序** 指令可以精準排列物件；透過 **對齊物件** 與 **均分物件** 的功能，則可以將所選取物件平均排列並對齊工作區域的指定位置。執行物件對齊與

均分的工作之前，請記得「先選範圍，再做動作」這 8 字訣，然後透過 **控制** 面板上對應的指令鈕，或執行 **視窗 > 對齊** 指令，開啟 **對齊** 面板來操作。

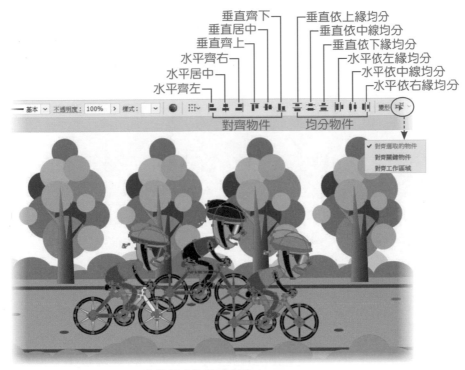

物件原來的排列方式

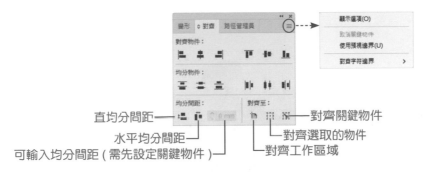

- **使用預視邊界**：若繪製的物件有使用 **筆畫寬度**，或是套用部分的濾鏡特效時，因為外觀看起來會較原來稍大，所以可使用此指令來協助執行物件的 **對齊** 與 **均分** 工作。

- **對齊工作區域**：選擇此指令，在執行 **對齊** 與 **均分** 工作時，是以「工作區域」為基準來排列物件。

對齊物件

STEP **1** 選取所有要排列的目標物件。

STEP **2** 在 **控制** 面板中點選要 **對齊物件** 的方式。

對齊－垂直居中

以關鍵物件為準對齊或均分

使用 **對齊關鍵物件** 指令，可以讓所有被選取的物件，以 **關鍵物件** 作為對齊的依據。

STEP **1** 選取所有要排列的目標物件。

STEP **2** 點選想要作為 **關鍵物件** 的物件，**關鍵物件** 的周圍會出現藍色外框，而且會自動選取 **對齊關鍵物件** 指令。

STEP **3** 在 **控制** 或 **對齊** 面板中選擇要對齊的方式即可。

所有物件向關鍵物件「垂直居中」對齊

均分物件

STEP **1** 選取所有要排列的目標物件。

STEP **2** 在 **控制面板** 中點選 **均分物件** 的方式，Illustrator 是依選取範圍中最上方和最下方的物件，或是最左側及最右側的物件來調整分佈。

執行「水平依中線均分」，會以最左及最右側的物件為排列依據

再執行對齊物件的「垂直居中」

8-2-3 使用均分間距排列物件

你也可以使用物件之間的正確距離來均分、排列物件。

均分間距

STEP **1** 選取所有要排列的目標物件之後，執行 **對齊** 面板上的 **對齊至 > 對齊工作區域** 指令。

STEP **2** 先按 **水平均分間距**  鈕，再按 **垂直均分間距** 鈕，看看物件最後的排列結果。

物件已依對齊工作區域方式先「自動」水平均分間距排列

使用特定數值均分物件

STEP **1** 先選取所有要排列的目標物件，再點選想要作為 **關鍵物件** 的物件。

STEP **2** 輸入 **均分間距**：3mm，按 **水平均分間距** 鈕。

3mm 水平均分間距排列

📌說明

如果要取消 關鍵物件 的指定，請按 對齊 面板的 面板選單 ▤ 鈕，執行 取消關鍵物件 指令。

8-3 剪下和分割物件

完成圖形物件的繪製與圖稿的編排後，還可以進行剪下、分割和修剪物件的操作。

8-3-1 分割下方物件

分割下方物件 指令就像是餅乾模型，會使用選取的物件剪下位於其下方的物件，捨棄原來的選取範圍。

STEP **1** 選取要作為分割模型的物件。

STEP **2** 執行 **物件 > 路徑 > 分割下方物件** 指令。

已分割下方的物件

8-3-2　使用剪刀工具

　　使用 **剪刀工具** ✂ 可以在錨點處或沿著線段，分割開放式或封閉式路徑物件、圖形框架、空白的文字方塊。

STEP **1** 選取要切割的路徑物件。

STEP **2** 使用 **剪刀工具** ✂ 在路徑（線段）上點選第一個分割錨點。

STEP **3** 再點選第二個分割錨點即可完成路徑的分割，分割後會得到二個路徑。

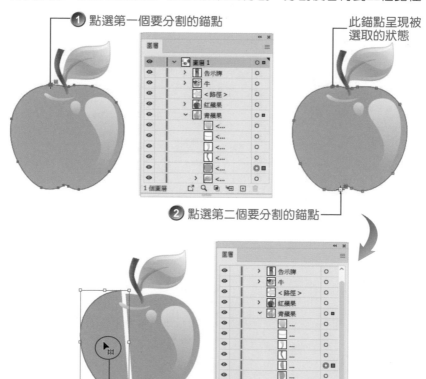

① 點選第一個要分割的錨點

此錨點呈現被選取的狀態

② 點選第二個要分割的錨點

完成分割後，可使用「選取工具 ▶」移動

說明

使用 **剪刀工具** ✂ 時，若所定義的切割錨點不在選取路徑的線段或錨點上，則會出現如圖所示的警告訊息。

8-3-3 使用美工刀工具

使用 **美工刀工具** ✐ 可以沿著所繪製的任意形狀、路徑來切割物件，將其分割成以原來 填色 為依據的數個封閉路徑。

STEP **1** 點選 **美工刀工具** ✐，在物件上以滑鼠拖曳繪製要切割的形狀。

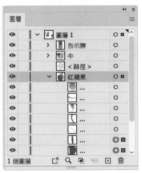

STEP **2** 物件會沿著「美工刀」所繪製路徑的被切割；使用 **直接選取工具** ▷ 可個別選取切割後的物件。

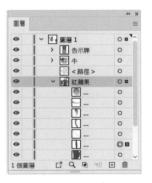

STEP **3** 若在物件內使用美工刀繪製封閉路徑，可以切割出陰、陽的鏤空物件。

說明

- 若要以直線方式來切割物件，請點選 **美工刀工具** [✎] 後按住 [Alt] 鍵，再使用滑鼠拖曳繪製。

- 若要以 45 度或 90 度來切割物件，請點選 **美工刀工具** [✎] 後按住 [Alt] + [Shift] 鍵，再使用滑鼠拖曳繪製。

8-3-4 使用橡皮擦工具

橡皮擦工具 [◈] 可以快速擦除圖稿中任何不要的區域，使用前可以先調整擦除路徑的寬度、形狀與平滑度。

設定橡皮擦屬性

快按二下 **工具** 面板 中的 **橡皮擦工具** [◈]，出現 **橡皮擦工具選項** 對話方塊，進行橡皮擦筆的 **角度**、**圓度**…等屬性設定，完成設定後按【確定】鈕。

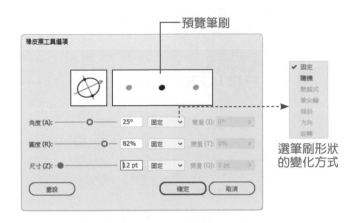

預覽筆刷

選筆刷形狀
的變化方式

筆刷形狀變化方式清單中的 **壓力、筆尖輪、傾斜、方向、旋轉** 選項，必須搭繪圖
位板與感壓筆（手寫筆）才有作用。

圖片來源：Wacom 官網

擦除物件

STEP **1** 如果要擦除指定的物件，請先選取物件後，再使用 **橡皮擦工具** ◆ 在要擦除
的物件上拖曳，即可擦除接觸到的物件。

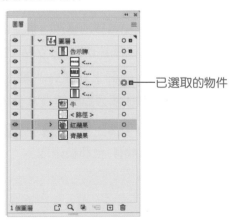

已選取的物件

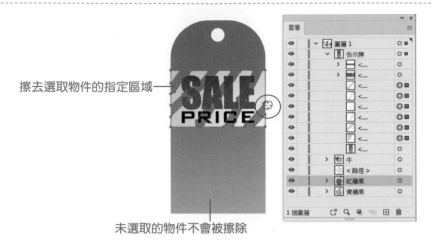

擦去選取物件的指定區域 —

未選取的物件不會被擦除

STEP **2** 如果沒有選取任何物件就直接使用 **橡皮擦工具** ◆，則繪圖區域中的所有物件都可以任意被擦除。

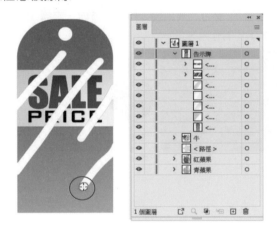

8-3-5 清除多餘的物件

作品完成之前，免不了會加加減減地修改，無意間可能會產生一些沒有用途的物件，使用 **清除** 指令可以刪除圖稿中的 **孤立點、未填色物件** 及 **空白的文字路徑**，這些物件會殘留在圖稿，表面上對圖稿外觀並沒有影響，但將其清除後，圖稿輸出時會較順暢，且可以釋放部分記憶體及減少檔案大小。

為了方便解說，在這個範例中請先按 Ctrl + A 鍵。參考下圖，會看到圖稿中有許多的 **孤立點** 與 **未填色物件** 全都被選取。

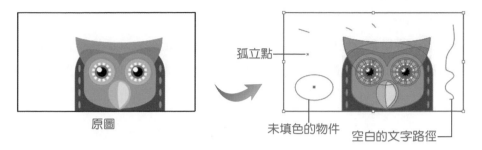

孤立點

未填色的物件

空白的文字路徑

原圖

STEP 1 完成圖稿的繪製與編排之後，可以執行 **物件 > 路徑 > 清除** 指令。

STEP 2 開啟 **清除** 對話方塊，預設值會勾選所有的核取方塊，按【確定】鈕，即可清除不影響圖稿的多餘物件。

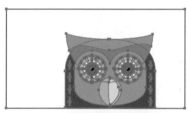

已清除不影響圖稿的多餘物件

8-4 組合物件

圖形物件除了可以使用位置重疊方式來排列組合，使其呈現不同的視覺效果之外，也可以透過 **形狀建立程式工具** 和 **路徑管理員** 面板將物件與物件之間進行融合或裁切，以產生新的圖形。

8-4-1 認識路徑管理員面板

物件融合之後，其相關屬性會繼承「最上層」物件的屬性。進行本節的各項操作之前，請先執行 **視窗 > 路徑管理員** 指令或按 Shift + Ctrl + F9 鍵，開啟 **路徑管理員** 面板。

交集

聯集

減去上層

分割

剪裁覆蓋範圍

合併

裁切

外框

依後置物件剪裁

差集

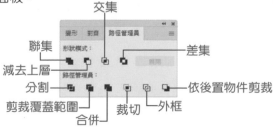

8-4-2 物件融合

　　這裡所說的「融合」是指將所選取的物件融合在一起並去除重疊部分，製作出無法再拆散的獨立物件，除非使用 **美工刀工具**  切割融合後的新物件。

原圖

圖層中有二個物件

● **聯集** ：將所選取的各個物件融合在一起，並去掉重疊部分的筆畫，使其成為單一的獨立物件。

● **減去上層** ：將下層物件減去上層物件，你可以視需要先調整物件的排列順序，再透過此方法來刪除圖件中的某些區域。

● **交集** ：只保留所選取的各個物件之重疊區域。

● **差集** ：只保留所選取的各個物件之未重疊區域，並填入最上層物件的顏色，而重疊區域則呈現鏤空的狀態。

8-4-3 複合形狀

如果先按 **Alt** 鍵，再按 **路徑管理員** 面板上的 **形狀模式** 鈕（例如：**減去上層**）；此時，所建立的物件為「複合外框（路徑）」。

視需要可以再執行 **面板選單** 中的 **釋放複合形狀** 指令，將融合後的物件還原成原來各自獨立的物件。

如果想要將所建立的「複合形狀」轉換為單一物件，可以按一下 **路徑管理員** 面板上的【展開】鈕，或執行 **面板選單** 中的 **展開複合形狀** 指令。

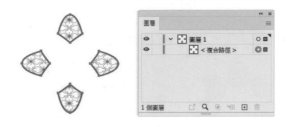

將「複合形狀」展開為「複合路徑」之後，在其上方按一下滑鼠右鍵點選 **釋放複合路徑** 指令，就會將「複合路徑」分離成各自獨立個別物件。

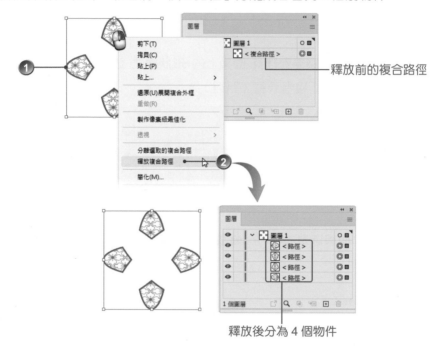

釋放前的複合路徑

釋放後分為 4 個物件

8-4-4　物件的裁切處理

　　裁切 與 **交叉** 也是 **路徑管理員** 中與物件重疊有關的處理。每個按鈕的功能非常相似，當二個物件重疊在一起時，使用其中一個物件的形狀來裁切另一物件；它的原理就像是使用餅乾模型（上層物件）在撖平的麵皮（下層物件）上切出一片片要烤的餅乾造型。

原圖　　　　　　　　在圖層中有三個物件

● **分割** ：會以物件重疊的部分來切割,將其裁切成一個一個的獨立物件,裁切之後可以使用 **群組選取工具** 來調整物件。

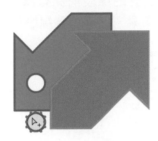

● **剪裁覆蓋範圍** ：將物件所重疊的部分切除,並移除所有的 **筆畫** 只保留 **填色**;沒有重疊的部分裁切成單獨的物件。

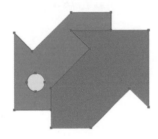

● **合併** ：將物件所重疊的部分切除,並移除所有的 **筆畫** 只保留 **填色**;沒有重疊的部分裁切成單獨的物件,但會合併有相同色彩的相鄰或重疊物件。

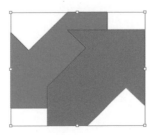

● **裁切** ：只留下物件重疊的部分並使用下層物件的 **填色**，同樣會移除 **筆畫**。

● **外框** ：將物件裁切成一個一個獨立的線段並保有原來的 **筆畫色彩**，裁切之後你可以使用 **直接選取工具**  來調整線段。

● **依後置物件剪裁** 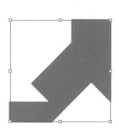：最上層的物件裁去所有位於下層的物件。

8-4-5　形狀建立程式工具的運用

　　如果要組合所有物件還有更快的方式，就是使用 **形狀建立程式工具** ，只要以游標點選或拖曳出範圍再配合 Alt 鍵，就能隨意地加減組合圖形，不需透過指令操作。

STEP 1　先選取所有要進行組合的物件，再點選 **形狀建立程式工具** 。

STEP 2　預設的狀態為合併模式（游標呈現 ▶ 狀態），先設定合併後的 **填色** 與 **筆畫** 顏色，再將滑鼠游標移至圖形上方，然後拖曳出一條直線連結你要合併的圖案，放開滑鼠後即可完成合併。

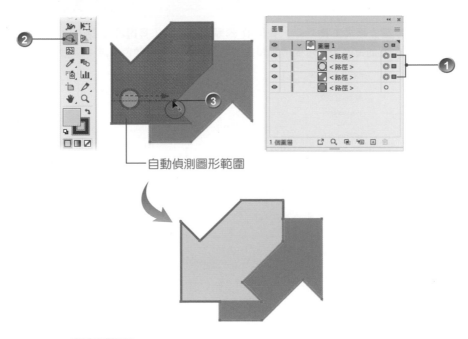

自動偵測圖形範圍

STEP 3　若先按 Shift 鍵再拖曳，可以框選方式選取要合併的物件。

STEP **4** 若要減去指定範圍的圖形，請先按 **Alt** 鍵（游標呈現 ▶ 狀態），再點選要減去的部分。

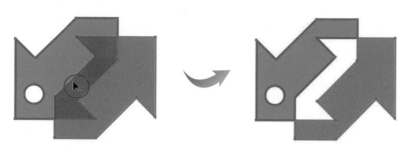

🔵 **説明**

快按二下 形狀建立程式工具 🔍，會開啟 形狀建立程式工具選項 對話方塊，可以設定 間隙偵測 的長度、是否要偵測開放的填色路徑、選取顏色來源…等屬性。

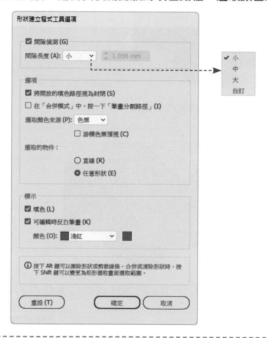

8-5 液化變形

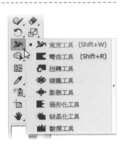

透過各程「液化變形工具」可以依據拖曳滑鼠所建立的軌跡，輕輕鬆鬆地改造物件。請注意！「液化變形工具」無法應用在 **文字**、**圖表** 與 **符號** 物件上。

STEP **1** 直接點選 **工具** 面板中要用來執行液化變形的工具，或者先快按二下要使用的液化變形工具，開啟對應的 **工具選項** 對話方塊，設定 **整體筆刷尺寸** 與變形相關屬性，完成後按【確定】鈕。

STEP **2** 將滑鼠游標移到所要變形的物件上，按住滑鼠左鍵或使用滑鼠拖曳方式揉捏物件，即可調整物件使其達到所需的變形效果。

◆ **彎曲工具** ▣：使用此工具就像是玩紙黏土一樣，可以用來拉伸圖形物件的某些部分。

◆ **扭轉工具** ：將物件以旋轉扭曲的形狀來變形。

◆ **縮攏工具** ：將物件往指定方向聚集、收縮變形。

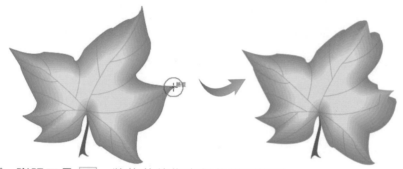

◆ **膨脹工具** ：將物件的指定部位膨脹變形。

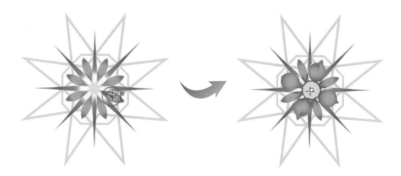

◆ **扇形化工具** ：將物件的外框以隨機的方式，使其呈現扇形化的變形效果。

◆ **結晶化工具** 🖼️：將物件的外框以隨機的方式，使其呈現尖凸狀的變形
　效果。

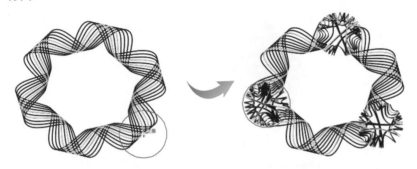

◆ **皺褶工具** 🖼️：將物件的外框以隨機方式，使其產生不規則的波浪狀變
　形效果。

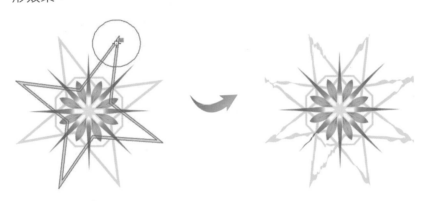

8-6　封套扭曲變形

　　封套 是一種封閉式造型，當 **封套** 套在物件四周時，物件造型會像被海綿套住
收緊般地變形，將封套拿掉之後，物件會立即恢復原形。

使用預設的封套造型

STEP **1** 選取目標物件，點選 **物件 > 封套扭曲 > 以彎曲製作** 指令。

STEP **2** 出現 **彎曲選項** 對話方塊，選擇要使用的彎曲 **樣式**，設定 **彎曲** 及 **扭曲** 屬
　　性，按【確定】鈕。

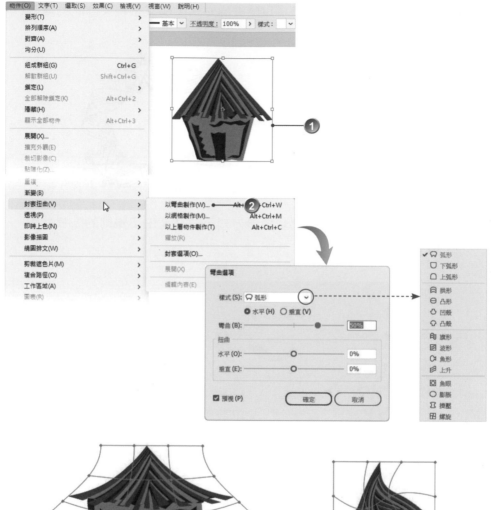

以「凹殼」封套「水平」彎曲變形

以「螺旋」封套「垂直」彎曲變形

以其他物件作為封套變形的依據

封套路徑物件必須為目前物件的上層物件，如果不是，請先調整它們的排列順序。

STEP **1** 選取目標物件，以及要作為封套路徑的物件。

作為封套路徑的物件

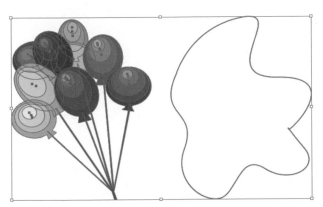 

STEP **2** 執行 **物件 > 封套扭曲 > 以上層物件製作** 指令，完成封套變形效果。

 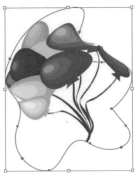

展開與釋放封套物件

　　執行 **物件 > 封套扭曲 > 展開** 指令，會移除作為封套路徑的物件，但會保留封套之後的扭曲形狀。

展開之後會保留扭曲之後的形狀

執行 **物件 > 封套扭曲 > 釋放** 指令，會將物件還原回原始形狀，並保留作為封套路徑的物件（但會轉成網格物件）。

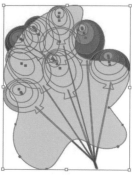

💬説明

如果想要進一步設定 **封套** 的相關屬性，使得封套變形之後結果較符合期望，可以執行 **物件 > 封套扭曲 > 封套選項** 指令，透過 **封套選項** 對話方塊設定。

8-7　漸變特效

漸變 是在指定的起點物件上建立一排逐漸變化的物件，產生之後的中間物件其位置愈接近終點物件時，造型與色彩就會愈像終點物件。可以建立單一或連續的漸變、任意調整漸變色彩與物件分佈；也可以將漸變 **釋放** 或 **展開**。如果起點物件與終點物件相同時，透過 **漸變** 功能可以複製大量的物件。

8-7-1 建立顏色漸變物件

選取要執行漸變的起點與終點物件之後，執行 **物件 > 漸變 > 製作** 指令產生漸變物件，或參考下列說明來操作。

STEP **1** 點選 **工具** 面板中的 **漸變工具**，滑鼠游標會變成 狀態。

STEP **2** 先點選起點物件再點選終點物件，即可完成顏色的漸變效果。

① 起點物件　　　　　　　　　　　② 終點物件

8-7-2 建立形狀漸變物件

除了建立顏色漸變的效果外，不同色彩和外形的物件也可以建立漸變特效。

STEP **1** 快按二下 **漸變工具** 或執行 **物件 > 漸變 > 漸變選項** 指令。

STEP **2** 出現 **漸變選項** 對話方塊，設定漸變 **間距** 與 **方向**，按【確定】鈕。

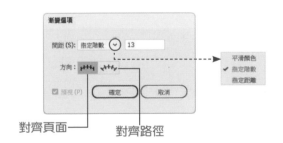

對齊頁面　　　對齊路徑

STEP **3** 使用 **漸變工具** 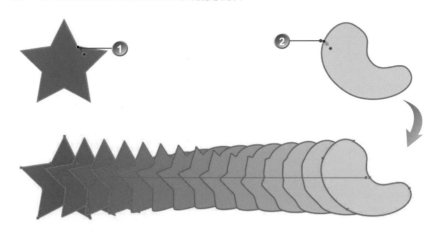 先點選起始物件的起始錨點，再點選終點物件的結束錨點，即會產生指定錨點的形狀漸變物件。

8-7-3 編修漸變物件

漸變物件建立之後，還可以變更物件填色或編修漸變路徑。

STEP **1** 點選 **直接選取工具** ▷，選取漸變物件中的起點或終點物件。

STEP **2** 透過 **檢色器** 或 **色票** 面板，變更起始與終點物件的填色。

STEP **3** 點選 **工具** 面板中的 **增加錨點工具** ✒，在漸變路徑上新增錨點；搭配 **直接選取工具** ▷ 與 **控制** 面板上的按鈕，透過 **錨點、方向控制把手、方向點** 就可以調整漸變路徑。

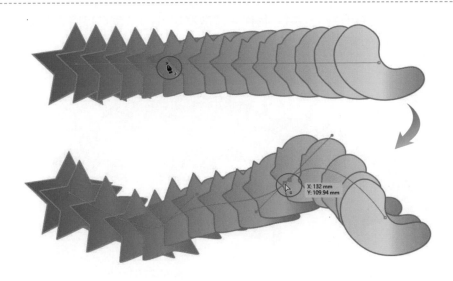

8-7-4　展開與釋放漸變物件

透過 **展開** 指令，可以將漸變物件展開成一個個的單獨物件。

STEP **1**　選取要展開的漸變物件，執行 **物件 > 漸變 > 展開** 指令，會將其展開成為群組物件。

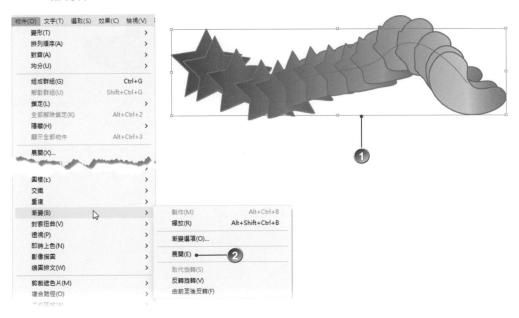

STEP 2 選取展開後的群組物件，執行 **物件 > 解散群組** 指令，就可以將它們展開成為單獨的物件。

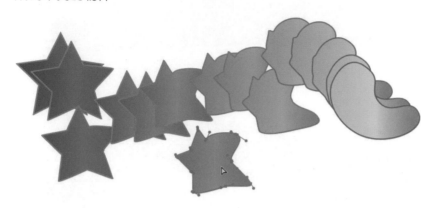

透過 **釋放** 指令，可以將漸變物件還原成原來形狀的路徑物件。

STEP 1 選取要還原的漸變物件。

STEP 2 執行 **物件 > 漸變 > 釋放** 指令。

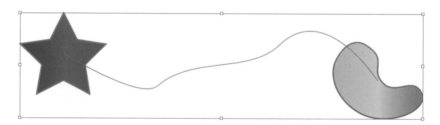

9 文字設計、編輯與應用

- 建立文字
- 連結文字
- 編輯文字
- 文字格式與樣式
- 功力倍增的編輯功能
- 將文字轉為路徑（外框字）
- 遺失字體的工作流程

使用 Illustrator 的各式「文字」工具，可以輕鬆地在圖稿中建立與設計多種類型的文字，此外還能調整文字的各項屬性，透過「所見即所得」的螢幕文字編輯方式，精確且即時地設計出五花八門的文字造型，搭配「路徑繪圖工具」還可以建立特殊的文字效果！

9-1 建立文字

視需要可以在圖稿的任意位置建立水平或垂直文字，也可以視文字多寡選擇建立 **點狀文字** 或 **區域文字**（段落文字）。Illustrator 提供 7 種文字輸入工具讓你依據使用習慣選擇使用。

- **文字工具** T：用來建立 **橫書** 的 **點狀文字** 或 **段落文字**。

- **區域文字工具** T：在封閉的路徑區域中建立或編輯 **橫書** 文字。

- **路徑文字工具** ：可以在指定的路徑上輸入或編輯 **橫書** 文字。

- **垂直文字工具** IT：用來建立 **直書** 的 **點狀文字** 或 **段落文字**。

- **垂直區域文字工具** ：在封閉的路徑區域中建立或編輯 **直書** 文字。

- **直式路徑文字工具** ：可以在指定的路徑上輸入或編輯 **直書** 文字。

- **觸控文字工具** ：可以透過觸控式裝置並配合增強控制點輕鬆修改文字的屬性。

9-1-1 輸入點狀文字

點狀文字 適合應用在輸入單一或單行字元，而每一行文字都是獨立的，該行的文字長度視所輸入文字的多寡而定，不會自動折行。

STEP **1** 開啟要建立文字的圖稿檔案。

STEP **2** 點選 **工具** 面板中的 **文字工具** T 或 **垂直文字工具** IT。

STEP **3** 在 **控制** 面板設定文字的 **字體**、**字體樣式** 與 **字體大小**；或執行 **文字 > 字體**、**文字 > 字級** 指令透過選單設定。

STEP **4** 使用滑鼠在圖稿上要建立文字的位置按一下，待出現垂直短線的插入點（│）後直接輸入所要的文字內容；若要換行輸入，請按 Enter 鍵。

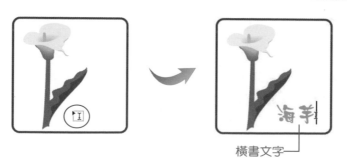

橫書文字

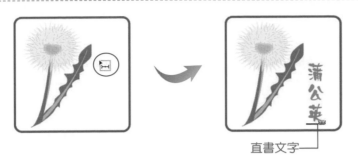

直書文字

STEP **5** 文字建立好後，請按 Esc 鍵或點選 **選取工具** ▶ 完成輸入工作。

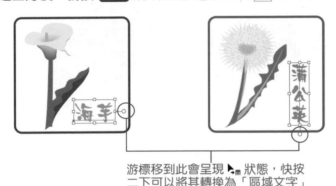

游標移到此會呈現 ▶₁ 狀態，快按
二下可以將其轉換為「區域文字」

🔖 **說明**

預設的文字顏色是「黑色」，視需要可以透過 **檢色器、色票** 面板…等，設定文字的
色彩。

9-1-2 輸入區域文字

　　段落文字 適合應用在輸入單一或多個段落，文字會以方框的邊界為依據自動
換行。

STEP **1** 點選 **工具** 面板中的 **文字工具** T 或 **垂直文字工具** IT。

STEP **2** 在 **控制** 面板設定文字的 **字體、字體樣式** 與 **字體大小**；或執行 **文字 > 字
體、文字 > 字級** 指令透過選單設定。

STEP **3** 使用滑鼠在圖稿上拖曳出一個方框，方框中也會出現垂直短線的插入點，然
後直接輸入所要的文字內容，文字會依方框邊界自動換行；若要手動換行請
按 ⏎ Enter 鍵。

STEP **4** 文字建立好了之後，請按 Esc 鍵或點選 **選取工具** ▶ 完成輸入工作。

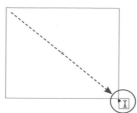

W: 50.8 mm
H: 40.87 mm

拖曳建立輸入文字範圍的方框

「花」在生活中常被稱為「花朵」或「花卉」。廣義的花卉可指一切具有觀賞價值的植物（或人工栽插的盆景），而狹義上則單指所有的開花植物。[除了作為被子植物的繁殖器官，花卉還一直廣受人們的喜愛和使用，主要用於美化環境，而且還作為一種食物來源。

輸入的文字抵達文字框邊界時會自動換行

「花」在生活中常被稱為「花朵」或「花卉」。廣義的花卉可指一切具有觀賞價值的植物（或人工栽插的盆景），而狹義上則單指所有的開花植物。[除了作為被子植物的繁殖器官，花卉還一直廣受人們的喜愛和使用，主要用於美化環境，而且還作為一種食物來源。

游標移到此會呈現 狀態，快
按二下可以轉換為「點狀文字」

說明

如果輸入的文字內容太多，超出文字框所能容納的範圍時，方框的右下角會出現 溢排符號 ⊞。

「花」在生活中常被稱為「花朵」或「花卉」。廣義的花卉可指一切具有觀賞價值的植物（或人工栽插的盆景），而狹義上則單指所有的開花植物。[除了作為被子植物的繁殖器官，花卉還

溢排符號

游標移到此會呈現 狀態，快按
二下即會呈現所有的文字內容

9-1-3 建立形狀區域文字

透過 **區域文字工具**  或 **垂直區域文字工具** ，可以將圖稿上方現有封閉形狀的路徑轉為文字方框。

STEP 1 繪製一個封閉路徑，並點選 **區域文字工具** 或 **垂直區域文字工具** 。

STEP 2 在 **控制** 面板設定文字的 **字體**、**字體樣式** 與 **字體大小**；或執行 **文字 > 字體**、**文字 > 字級** 指令透過選單設定。

STEP 3 將滑鼠游標指到封閉路徑按一下（游標會呈現 狀態），這時會將封閉的路徑形狀轉換為區域文字，而路徑原有的 **填色** 和 **筆畫** 都會移除。

STEP 4 直接輸入所需的文字；建立好了之後，按 Esc 鍵完成輸入工作。

水平區域文字

原本的封閉路徑已被文字路徑取代

9-1-4 建立路徑文字

使用 **路徑文字工具** 或 **直式路徑文字工具** ，可以將圖稿上方現有的路徑轉換為文字路徑。

STEP **1** 繪製一段開放式路徑，點選 **工具** 面板中的 **路徑文字工具** 或 **直式路徑文字工具**。

STEP **2** 在 **控制** 面板設定文字的 **字體、字體樣式** 與 **字體大小**；或執行 **文字 > 字體、文字 > 字級** 指令透過選單設定。

STEP **3** 將滑鼠游標指到路徑上方按一下（此時游標會呈現 狀態）會出現插入點，同時會將路徑轉換為文字路徑。

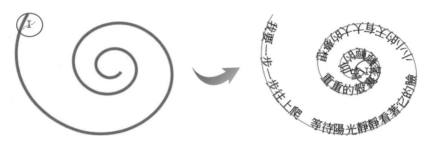

STEP **4** 在路徑上輸入所需的文字；建立好了之後，按 Esc 鍵完成輸入工作。

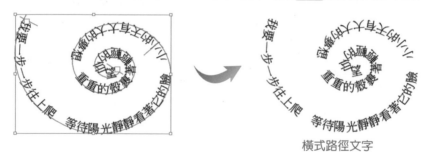

橫式路徑文字

視需要也以透過 **路徑文字選項** 對話方塊設定路徑文字的效果與其在路徑上的位置。

STEP **1** 在選取路徑文字物件的情況下，快按二下 **路徑文字工具** 或執行 **文字 > 路徑文字 > 路徑文字選項** 指令。

STEP **2** 出現 **路徑文字選項** 對話方塊，設定文字的 **效果** 與 **對齊路徑** 的方式、**間距**，完成後按【確定】鈕。

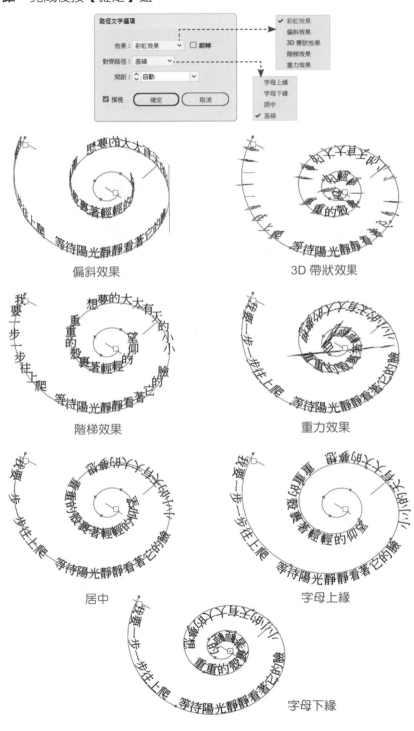

偏斜效果　　　　　　　　　　　3D 帶狀效果

階梯效果　　　　　　　　　　　重力效果

居中　　　　　　　　　　　　　字母上緣

字母下緣

9-2 連結文字

當文字區域無法容納所有的文字內容時，要如何處理顯示 **溢排符號** ⊞ 的現象，以顯示完整的內容呢？

建立連結

STEP **1** 若文字物件中沒有顯示完整的文字內容，請以 **選取工具** ▶ 點選之後，再使用滑鼠左鍵拖曳藍色外框上的控制點，擴大文字框的顯示範圍。

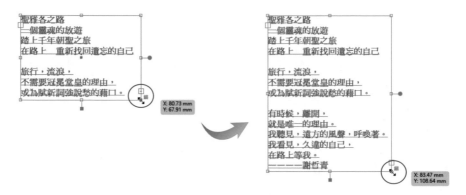

STEP **2** 除了使用步驟 1 的方法之外，也可以使用 **選取工具** ▶ 選取產生 **溢排文字** 的區域文字物件，再按一下右下角的 **溢排符號** ⊞，滑鼠游標會變成 **載入文字** 狀態。

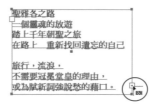

STEP **3** 直接在工作區域上要載入連結文字的位置上按一下，即會產生與原始區域文字物件相同大小的物件來放置連結文字。

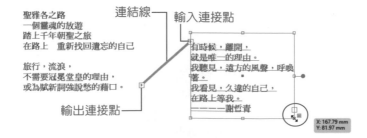

STEP **4** 若要將文字連結放到現有的路徑物件中，請將滑鼠游標放在路徑上，滑鼠游標會轉變為 🔲 狀態，按一下即可將文字連結載入到指定路徑中。

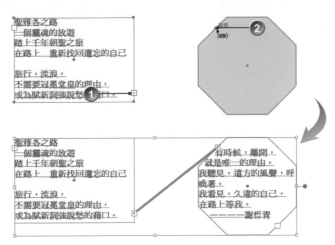

STEP **5** 建立連結文字之後，使用 **選取工具** ▶ 調整任一文字框的大小或位置，每一個文字框中的文字內容都會跟著連動。

連結的文字框
內容也會更動

改變文字框大小

使用 **選取工具** ▶ 選擇區域文字物件和其他要連結的路徑物件，再點選 **文字 > 文字緒 > 建立** 指令，也可以建立連結文字。

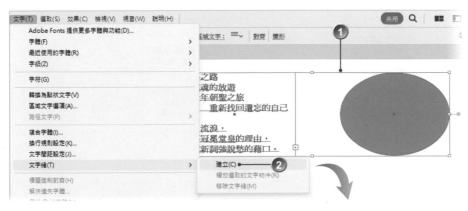

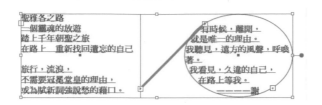

中斷連結

如果要中斷文字間的連結，請參考下列說明操作。

STEP 1 點選 **選取工具** ▶，快按二下已建立連結之文字物件的 **輸出連接點**，即可中斷與它接續之文字物件的連結關係。

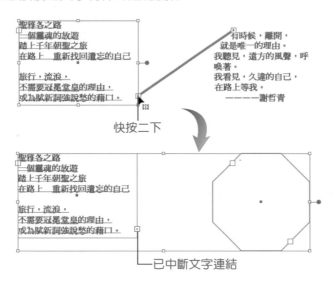

STEP 2 或快按二下所連結之文字物件的 **輸入連接點**，可以中斷與前一個文字物件的連結。

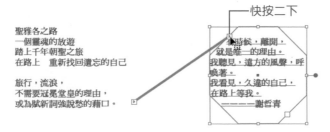

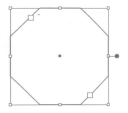

聖雅各之路
一個靈魂的放遊
踏上千年朝聖之旅
在路上　重新找回遺忘的自己

旅行，流浪，
不需要冠冕堂皇的理由，
或為賦新詞強說愁的藉口。

已中斷文字連結

釋放連結

　　前面曾提到所建立的連結文字物件，彼此之間的關係是連動的，如果想要保有連結後的文字內容，但又希望二個文字物件都是獨立的，可以執行 **釋放選取的文字物件** 指令。

STEP **1** 點選 **選取工具** ▶️，選取要釋放連結的物件。

STEP **2** 執行 **文字 > 文字緒 > 釋放選取的文字物件** 指令。

沒有連結符號，已分別獨立為單一文字物件

9-3　編輯文字

　　建立文字之後，若要再修改或調整文字內容時，應該如何作業呢？這一節將說明如何新增、刪除、修改與搬移文字等編輯工作。

9-3-1　選取文字

　　進行文字物件的編輯工作之前，一定要記得「先選取範圍！」如何選取所要編輯的文字？方法有下列幾種：

● 使用 **選取工具** ▶️ 點選要編輯的文字物件，再點選任意文字工具，使用滑鼠拖曳選取要編輯的文字，所選取的文字會「反白」顯示。

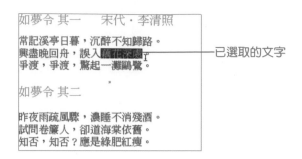

已選取的文字

● 使用 **選取工具** ▶ 點選要編輯的文字物件，再點選任意文字工具，使用滑鼠左鍵在任意段落上快按三下，可選取該段落文字。

已選取整段文字

● 當插入點游標停留在文字物件中時，按 Ctrl + A 鍵或執行 **選取 > 全部** 指令，可以選取文字物件中的所有文字。

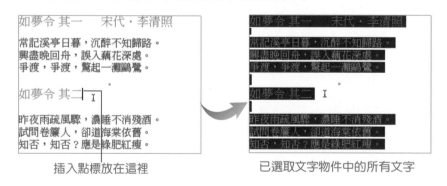

插入點標放在這裡　　　　　　　　已選取文字物件中的所有文字

9-3-2 新增、修改、刪除與搬移文字

以 **文字工具** T 點選文字物件之後，即可在插入點所在的位置新增文字內容；按 Del 鍵會刪除插入點之後的文字，按 Bksp 鍵會刪除插入點之前的文字。

● 如果要修改文字內容，請先選取文字並在呈現「反白」狀態時，直接輸入所要修改的文字。

● 如果選取特定的文字之後按 Del 鍵，則可以刪除所選取的文字。

● 使用 **選取工具** ▶ 選取要搬移的文字物件，按住滑鼠左鍵不放拖曳，即可以文字物件為單位調整擺放的位置。

搬移文字物件

9-3-3 直書與橫書的轉換

如果要將原來所輸入的 **橫書** 文字轉換為 **直書** 文字，或將 **直書** 文字轉換成 **橫書** 文字，可以執行 **文字方向** 指令。

STEP **1** 點選 **選取工具** ▶，選取要轉換方向的文字物件。

STEP **2** 執行 **文字 > 文字方向 > 垂直（水平）** 指令，所選取的文字物件即會轉換文字書寫的方向。

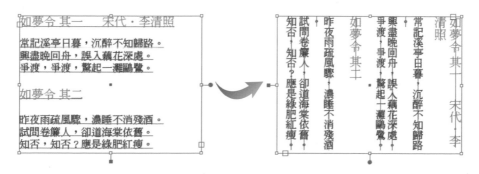

9-3-4 傾斜、旋轉與變形文字

　　無論所建立的是哪一種文字物件，都可以執行 **物件 > 變形** 指令，或使用 **旋轉** ⟳ 、**鏡射** ⟷ 、**縮放** ⊡ 及 **傾斜** ⤳ …等各式變形工具，透過拖曳調整控制點的方式變形文字。有關這部分的操作方法與 **5-5** 節相同，請自行參閱。

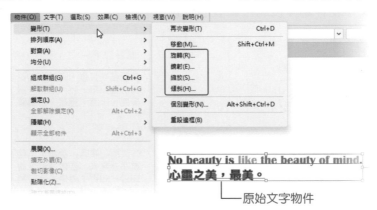

水平鏡射

傾斜角度 33°

旋轉角度 13°

No beauty is like the beauty of mind.
心靈之美，最美。

放大 150%

9-3-5 建立彎曲文字

　　透過 **物件 > 封套扭曲 > 以彎曲製作** 指令，可以在 **彎曲選項** 對話方塊的 **樣式** 選單中，設計出千奇百怪的彎曲變形文字。

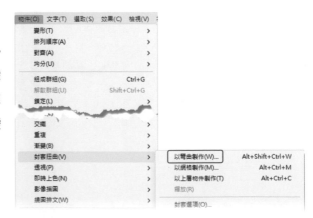

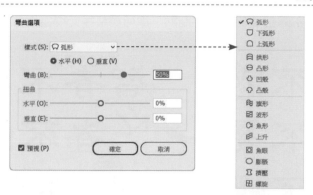

魚形

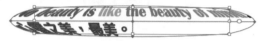

膨脹

No beauty is like the beauty of mind.
心靈之美，最美。

旗形

No beauty is like the beauty of mind.
心靈之美、最美。

魚眼

No beauty is like the beauty of mind.
心靈之美，最美。

下弧形

No beauty is like the beauty of mind.
心靈之美，最美。

凸形

9-3-6 觸控文字工具

使用 **觸控文字工具** 可以透過拖曳 **增強控制點** 縮放、旋轉或重疊字元。

STEP **1** 點選 **工具列** 面板中的 **觸控文字工具** ，將滑鼠游標移到要選取的文字上方按一下，字元的周圍即會出現 5 個 **增強控制點**。

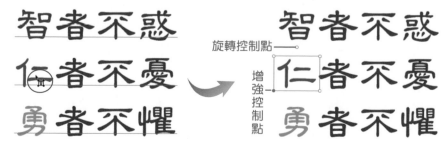

STEP **2** 使用滑鼠按住不同位置的增強控制點，即可調整字元間距與位置、旋轉或變形字元。

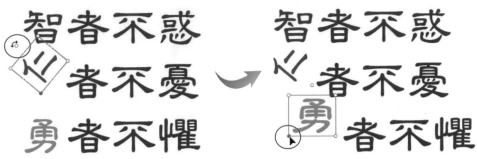

旋轉字元　　　　　　　　　　　　　調整字完位置與間距

9-4　文字格式與樣式

進行文字編輯與設計時，除了可以單純地修改文字內容，也可以修改文字格式、段落，甚至進一步設定樣式。

9-4-1　文字的屬性設定

點選任意文字工具時，有關文字的所有屬性設定，都可以透過 **控制** 面板或 **字元** 面板設定；使用 **檢色器** 或 **色票** 面板，則可以設定文字色彩。

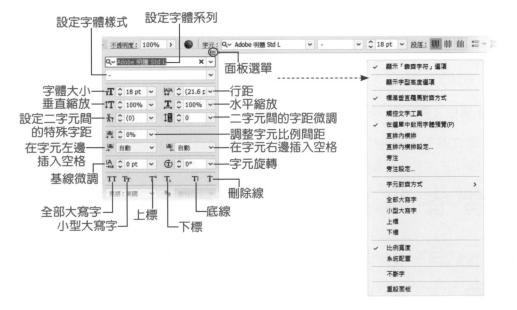

原始文字格式與書寫方式

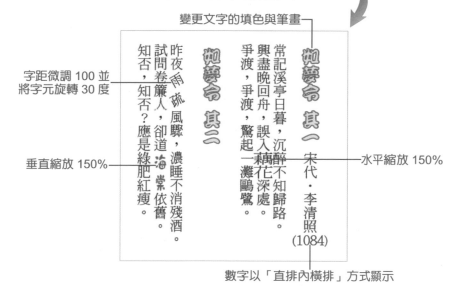

變更文字的填色與筆畫

字距微調 100 並
將字元旋轉 30 度

垂直縮放 150%

水平縮放 150%

數字以「直排內橫排」方式顯示

💬 **說明**

- 調整文字的字元屬性時，記得要先將其選取然後再進行。

- 執行 **視窗 > 文字 > 字元** 指令，也可以開啟 **字元** 面板；執行 **視窗 > 文字 > 段落** 指令，則是開啟 **段落** 面板。

9-4-2 段落的屬性設定

除了可以設定文字字元的相關屬性之外，還可以針對整篇文章透過 **段落** 面板設定段落格式。

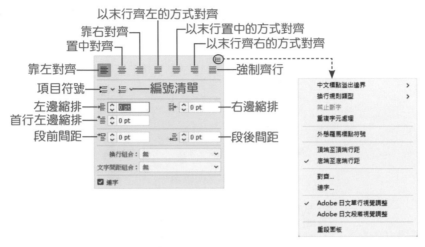

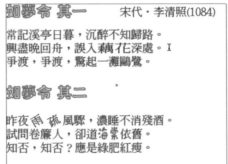

原來文章的段落樣式

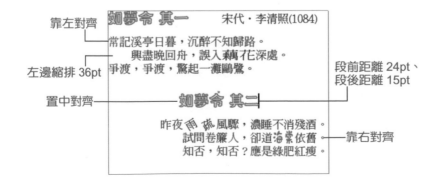

- 設定段落格式之前，需先將「插入點」游標停留在指定的段落中。

- 過於緊密的行距，會造成閱讀上的困難，所以設定適當的行距可以使閱讀更加順暢。建議可將 **段前間距** 設定約為 4 pt 至 10 pt 間。

9-5　功力倍增的編輯功能

雖然 Illustrator 是編修與設計向量圖形的軟體，不過圖稿上方也可能需要擺放一些文案，例如：設計菜單、海報或多欄呈現的各式簡章…等。這些需求都可以透過 Illustrator 內含的 **區域文字選項、繞圖排文**…等功能來完成。

9-5-1　文字的尋找與取代

完成圖稿之後，若碰到需要修訂文字內容時，適當的使用 **尋找及取代** 指令輔助編輯，可以增加工作效率！這一小節的範例，我們已在圖稿中 **置入** 一段短文，希望將文章中的「上帝」改為「上主」。

STEP **1** 選取文字物件，執行 **編輯 > 尋找及取代** 指令。

STEP **2** 出現 **尋找與取代** 對話方塊，先輸入要 **尋找** 的文字，再於 **取代為** 方塊中輸入要取代的文字，按【尋找】鈕。

STEP **3** 尋找到的文字內容會「反白」顯示，其他的按鈕也會變成可點選的狀態。

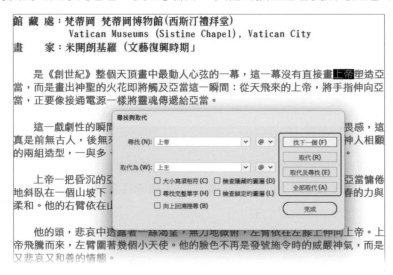

◆ 【取代】鈕，**尋找** 到的文字會被 **取代為** 的文字所取代。

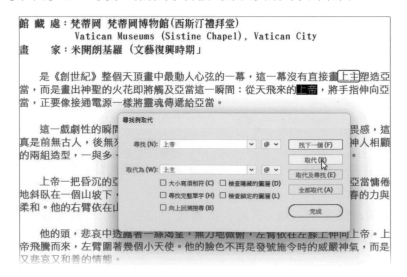

◆ 【取代及尋找】鈕，**尋找** 到的文字會被 **取代為** 的文字所取代；並接著尋找文章中下一個指定的內容再進行取代。使用此方法的好處是，可以一一檢視，若有不要取代的內容，則可按【找下一個】鈕略過。

◆ 【全部取代】鈕，會不分青紅皂白地將所有尋找到的指定內容，全部取代為指定的內容；完成取代工作之後會顯示如圖所示的訊息對話方塊，請按【確定】鈕。

STEP **4** 完成替換的文字編輯作業之後，會先出現如圖所示的訊息，按【確定】鈕；回到 **尋找與取代** 對話方塊，按【完成】鈕。

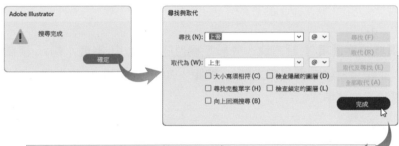

館 藏 處：梵蒂岡 梵蒂岡博物館(西斯汀禮拜堂)
　　　　　Vatican Museums (Sistine Chapel), Vatican City
畫　　家：米開朗基羅（文藝復興時期）

　　是《創世紀》整個天頂畫中最動人心弦的一幕，這一幕沒有直接畫上主塑造亞當，而是畫出神聖的火花即將觸及亞當這一瞬間：從天飛來的上主，將手指伸向亞當，正要像接通電源一樣將靈魂傳遞給亞當。

　　這一戲劇性的瞬間，將人與上主奇妙地並列起來，觸發我們的無限敬畏感，這真是前無古人，後無來者。體魄豐滿、背景簡約的形式處理．靜動相對、神人相顧的兩組造型，一與多、靈與肉的視覺照應，創世的記載集中到了這一時刻。

　　上主一把昏沉的亞當提醒，理性就成了人類意識不停運轉的「器」。亞當慵倦地斜臥在一個山坡下，他健壯的體格在深重的土色中襯托出來，充滿著青春的力與柔和。他的右臂依在山坡上，右腿伸展，左腿自然地歪曲著。

　　他的頭，悲哀中透露著一絲渴望，無力地微俯，左臂依在左膝上伸向上主。上主飛騰而來，左臂圍著幾個小天使。他的臉色不再是發號施令時的威嚴神氣，而是又悲哀又和善的情態。

　　他的目光注視著亞當：他的第一個創造物。他的手指即將觸到亞當的手指，灌注神明的靈魂。此時，我們注意到亞當不僅使勁地移向他的創造者，而且還使勁地移向夏娃，因為他已看見在上主左臂庇護下即將誕生的夏娃。
　　我們循著亞當的眼神，也瞥見了那美麗的夏娃，她那雙明亮嫵媚的雙眼正在偷偷斜視地上的亞當。在一個靜止的畫面上，同時描繪出兩個不同層面的情節，完整地再現了上主造人的全部意義。

所有指定取代的「上帝」都改為「上主」

9-5-2 文字的分欄處理

如果要將文章以分欄的方式來呈現，請在 **區域文字選項** 對話方塊中設定。

STEP **1** 選取文字物件，執行 **文字 > 區域文字選項** 指令。

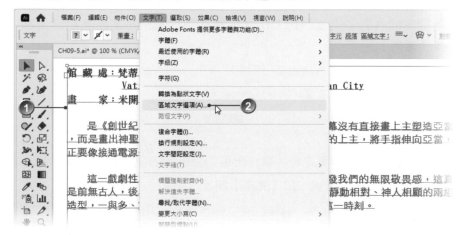

STEP **2** 出現 **區域文字選項** 對話方塊，先設定欄位的 **寬度** 與 **高度**；輸入 **橫欄** 的
數量，並視需要設定欄與欄之間的 **間距**；勾選 ☑ **預視** 核取方塊，可以檢
視分欄顯示的結果。

STEP **3** 輸入 **直欄** 的數量，同樣可以設定欄與欄之間的 **間距**，視需要設定 **文字流
排** 的方向，完成設定之後按【確定】鈕。

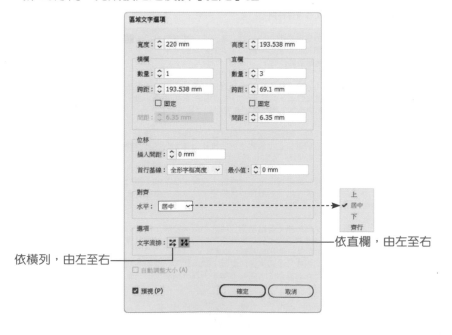

館　藏　處：梵蒂岡_梵蒂岡博物館(西斯汀禮拜堂) Vatican Museums (Sistine Chapel)，Vatican City 畫　　　家：米開朗基羅（文藝復興時期」

是《創世紀》整個天頂畫中最動人心弦的一幕，這一幕沒有直接畫上主塑造亞當，而是畫出神聖的火花即將觸及亞當這一瞬間：從天飛來的上主，將手指伸向亞當，正要像接通電源一樣將靈魂傳遞給亞當。

這一戲劇性的瞬間，將人與上主奇妙地並列起來，觸發我們的無限敬畏感，這真是前無古人，後無來者。體魄豐滿、背景簡約的形式處理，靜動相對、神人相顧的兩組造型，一與多、靈與肉的視覺照應，創世的記載集中到了這一時刻。

上主一把昏沉的亞當提醒，理性就成了人類意識不停運轉的「器」。亞當慵卷地斜臥在一個山坡下，他健壯的體格在深重的土色中襯托出來，充滿著青春的力與柔和。他的右臂依在山坡上，右腿伸展，左腿自然地歪曲著。

他的頭，悲哀中透露著一絲渴望，無力地微俯，左臂依在左膝上伸向上主。上主飛騰而來，左臂圍著幾個小天使。他的臉色不再是發號施令時的威嚴神氣，而是又悲哀又和善的情態。

他的目光注視著亞當：他的第一個創造物。他的手指即將觸到亞當的手指，灌注神明的靈魂。此時，我們注意到亞當不僅使勁地移向他的創造者，而且還使勁地移向夏娃，因為他已看見在上主左臂庇護下即將誕生的夏娃。

我們循著亞當的眼神，也瞥見了那美麗的夏娃，她那雙明亮嫵媚的雙眼正在偷偷斜視地上的亞當。在一個靜止的畫面上，同時描繪出兩個不同層面的情節，完整地再現了上主造人的全部意義。

已將文字物件的內容分為 3 欄呈現

9-5-3 繞圖排文

工作區域中同時有文字與圖形物件時，要如何讓它們之間不會相互重疊而能顯示完整的文字內容呢？使用 **繞圖排文** 即可在文字物件上任意放置或排列圖形物件，文字會自動繞圖排列。

> **說明**
>
> 執行 **繞圖排文** 指令之前，請先確認圖形物件是否位於文字物件上方。若不是，可以點選之後透過 **排列順序** 指令調整。
>
>

STEP **1** 同時選取文字與圖形物件，執行 **物件 > 繞圖排文 > 製作** 指令。

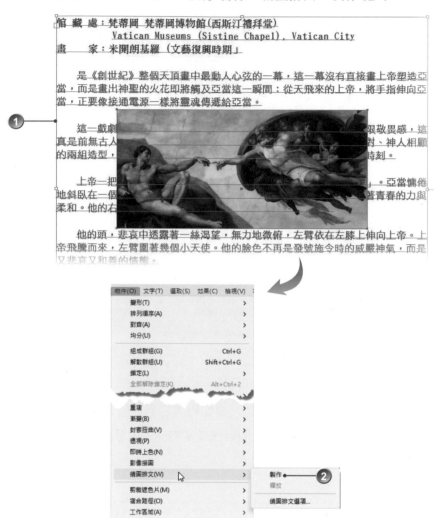

STEP **2** 出現警告訊息，閱讀之後按【確定】鈕。

館 藏 處：梵蒂岡 梵蒂岡博物館(西斯汀禮拜堂)
　　　　　Vatican Museums (Sistine Chapel), Vatican City
畫 　 家：米開朗基羅（文藝復興時期）

　　是《創世紀》整個天頂畫中最動人心弦的一幕，這一幕沒有直接畫上帝塑造亞當，而是畫出神聖的火花即將觸及亞當這一瞬間：從天飛來的上帝，將手指伸向亞當，正要像接通電源一樣將靈魂傳遞給亞當。

　　這一戲劇性的瞬  間，將人與上帝奇妙地並列起來，觸發我 們的無限敬畏感，這真是前無古人，後無 來者。體魄豐滿、背景簡約的形式處理， 靜動相對、神人相顧的兩組造型，一與多 、靈與肉的視覺照應，創世的記載集中到 了這一時刻。

　　上帝一把昏沉的 亞當提醒，理性就成了人類意識不停運轉 的「器」。亞當慵倦地斜臥在一個山坡下，他健壯的體格在深重的土色中襯托出來，充滿著青春的力與柔和。他的右臂依在山坡上，右腿伸展，左腿自然地歪曲著。

　　他的頭，悲哀中透露著一絲渴望，無力地微俯，左臂依在左膝上伸向上帝。上帝飛騰而來，左臂圍著幾個小天使。他的臉色不再是發號施令時的威嚴神氣，而是又悲哀又和善的情態。

　　他的目光注視著亞當：他的第一個創造物。他的手指即將觸到亞當的手指，灌注神明的靈魂。此時，我們注意到亞當不僅使勁地移向他的創造者，而且還使勁地移向夏娃，因為他已看見在上帝左臂庇護下即將誕生的夏娃。

　　我們循著亞當的眼神，也瞥見了那美麗的夏娃，她那雙明亮嫵媚的雙眼正在偷偷斜視地上的亞當。在一個靜止的畫面上，同時描繪出兩個不同層面的情節，完整地再現了上帝造人的全部意義。

繞圖排文的結果

STEP **3** 完成之後，可以使用 **選取工具** ▶ 調整圖形物件的位置及文字物件的大小，而繞圖排文的狀況亦會自動調整。

STEP **4** 同時選取文字物件與圖形物件，執行 **物件 > 繞圖排文 > 繞圖排文選項** 指令，可以透過 **繞圖排文選項** 對話方塊來設定文字與圖形之間的 **位移**（間距）值，按【確定】鈕。

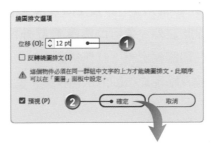

館 藏 處：梵蒂岡 梵蒂岡博物館(西斯汀禮拜堂)
　　　　　Vatican Museums (Sistine Chapel), Vatican City
畫　家：米開朗基羅（文藝復興時期）

　　是《創世紀》整個天頂畫中最動人心弦的一幕，這一幕沒有直接畫上帝塑造亞當，而是畫出神聖的火花即將觸及亞當這一瞬間：從天飛來的上帝，將手指伸向亞當，正要像接通電源一樣將靈魂傳遞給亞當。

　　這一戲劇性的 ⋯⋯ 瞬間，將人與上帝奇妙地並列起來，⋯⋯ 觸發我們的無限敬畏感，這真是前無 ⋯⋯ 古人，後無來者。體魄豐滿、背景簡 ⋯⋯ 約的形式處理，靜動相對、神人相顧的 ⋯⋯ 兩組造型，一與多、靈與肉的視覺照 ⋯⋯ 應，創世的記載集中到了這一時刻。

　　上帝一把昏沉 ⋯⋯ 的亞當提醒，理性就成了人類意識不停運轉的「器」。亞當懶倦地斜臥在一個山坡下，他健壯的體格在深重的土色中襯托出來，充滿著青春的力與柔和。他的右臂依在山坡上，右腿伸展，左腿自然地歪曲著。

　　他的頭，悲哀中透露著一絲渴望，無力地微俯，左臂依在左膝上伸向上帝。上帝飛騰而來，左臂圍著幾個小天使。他的臉色不再是發號施令時的威嚴神氣，而是又悲哀又和善的情態。

　　他的目光注視著亞當：他的第一個創造物。他的手指即將觸到亞當的手指，灌注神明的靈魂。此時，我們注意到亞當不僅使勁地移向他的創造者，而且還使勁地移向夏娃，因為他已看見在上帝左臂庇護下即將誕生的夏娃。
　　我們循著亞當的眼神，也瞥見了那美麗的夏娃，她那雙明亮嫵媚的雙眼正在偷偷斜視地上的亞當。在一個靜止的畫面上，同時描繪出兩個不同層面的情節，完整地再現了上帝造人的全部意義。

　　　　　　　　　　　文與圖之間的距離變大了

STEP **5** 如果要解除繞圖排文，請同時選取文字物件與圖形物件，再執行 **物件 > 繞圖排文 > 釋放** 指令即可。

9-6　將文字轉為路徑（外框字）

　　文字物件可以透過 **控制** 面板、功能表指令或 **字元** 面板來改變文字的色彩、字型大小⋯等外觀，也可以使用 **變形** 與 **封套扭曲** 指令變更外型；還能藉著調整 **錨點** 做造型上的變化。除此之外，還可以透過 **建立外框** 指令，將文字物件轉換為向量路徑，這樣成品在印刷輸出時，就無須擔心對方的系統中沒有相同字體了。請注意！一旦文字轉換為路徑之後即無法再恢復，當然也就不能編輯文字內容囉！

STEP **1** 選取要變成外框字（路徑物件）的文字物件。

STEP **2** 執行 **文字 > 建立外框** 指令，即可將文字物件。

轉換為路徑物件後會
出現可供編輯的錨點

STEP **3** 使用 **直接選取工具** 點選單一字元的錨點來變形物件或調整位置，也可以
填入漸層色彩。

填入漸層色彩

調整錨點與路徑位置可以改變物件造型

9-7　遺失字體的工作流程

在 Illustrator 開啟圖稿檔案的時候，會偵測其中所使用的字體；如果字體遺失，會以粉紅色反白顯示該文字內容。操作過程中，若使用者有登入 Creative Cloud，則會自動檢查 Adobe Fonts 資料庫內是否有提供該字體？如果有，會立即更新並同步該字體到使用者的電腦，如此文字就不會呈現粉紅色背景而能保有圖稿原來的外觀。

STEP 1　快按二下作業系統 **桌面** 上的 Adobe Creative Cloud 圖示，並確認已經使用 Adobe ID 登入。

STEP 2　切換到 **管理字體** 頁面，確認有啟用字體同步。

如果按下上述畫面右上角的【瀏覽更多字體】鈕，會進入 **瀏覽字體套件 Adobe Fonts** 網頁。在這裡可以認識並查閱眾多字體，或者切換到 **推薦** 頁面，看看有什麼推薦使用的字體；也可以切換到 **字體套件** 頁面，檢視由 Adobe Font 團隊和特邀嘉賓所設計的字體配套方案。完整的 **Adobe Fonts 字體庫**，只要是合法且仍在訂閱期間的使用者，都可以在個人和商業專案中應用。

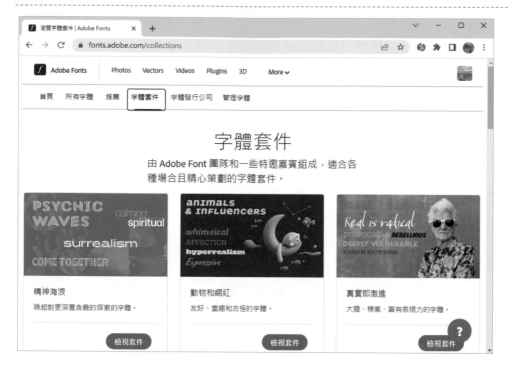

如果你想使用手動方式來更新圖稿中的字體，可以在開啟圖稿之後，執行 **文字 > 尋找 / 取代字體** 指令，透過 **尋找 / 取代字體** 對話方塊進行字體的替換。

10 建立物件 3D 與圖表

- 建立3D物件
- 建立圖表
- 編輯圖表

這一章所要說明的主題，是如何將圖稿中的 2D 物件轉換成 3D 物件，以及如何在 Illustrator 中繪製圖表物件。

10-1 建立 3D 物件

透過 Illustrator 的 3D 效果，可以將所選取的 2D 物件輕鬆製成 3D 物件，此 3D 物件的形狀是「動態的」，透過光線、陰影、旋轉和其他屬性設定，可以控制 3D 物件的外觀。

10-1-1 使用突出與斜角建立 3D 物件

突出與斜角 效果，會將 2D 物件往 Z 軸方向延展，以增加「深度」的方式來轉變為 3D 立體物件。

STEP 1 選取要轉變的物件，執行 效果 >3D 和素材 > 突出與斜角 指令。

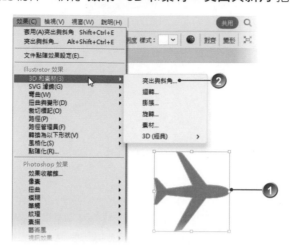

STEP 2 出現 **3D 和素材** 面板，你可以在其中設定各項參數，例如：調整 2D 物作的 3D 立體呈現方式、設定 **斜角** 與 **旋轉** 角度；也可以為其加上 **素材** 作為填色，或者設定 **光源**。

◆ **突出與斜角**：設定 **物件** 的深度，以及與任何在物件上所加入、切出斜角的程度。

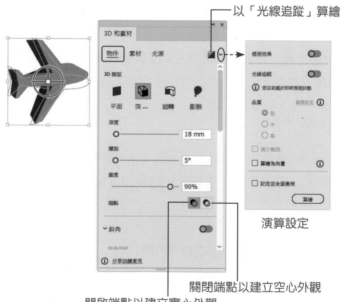

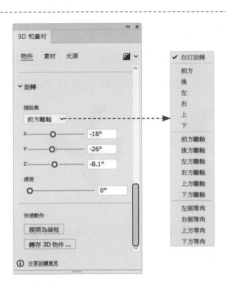

◆ **素材**：可以建立暗而無陰影的霧面，到看起來像似塑膠的光面、反光表面…等各種不同的表面。

◆ **光源**：可以增加一種或多種光源、改變光源強度、物件的網底顏色，也可以移動物件周圍的光源，創造出各式變幻效果。

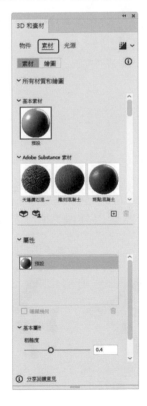

STEP **3** 在 **深度**、**螺旋**、**錐度** 區段中，可以直接輸入對應的數值或拖曳滑桿調整。

STEP **4** 如果要建立 **實心** 的 3D 物件，請按 **開啟端點以建立實心外觀** 鈕；如果要建立 **空心** 的 3D 物件，請按 **關閉端點以建立空心外觀** 鈕。

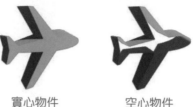

實心物件　　　　　　空心物件

STEP **5** 如果啟用 **斜角**，則在 **斜角** 區段中可以選擇斜角的形狀。輸入斜角 **高度**，值可介於 1 至 100，如果斜角高度太大，可能會產生自我相交等不可預測的結果。

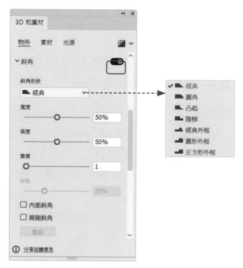

◆ 若勾選 ☑ **內部斜角** 核取方塊，斜角形狀會加入到原始物件中。

◆ 若勾選 ☑ **二側斜角** 核取方塊，斜角形狀會以外擴方式加到原始物件外圍。

斜角形狀：經典外框

勾選「二側斜角」並
將「重複」值設定為 3

斜角形狀：凸起

勾選「內部斜角」並
將「重複」值設定為 3

STEP **6** 視需要可以設定物件要依據什麼位置為基準來 **旋轉**，或是手動調整 X、Y、Z 軸的角度。

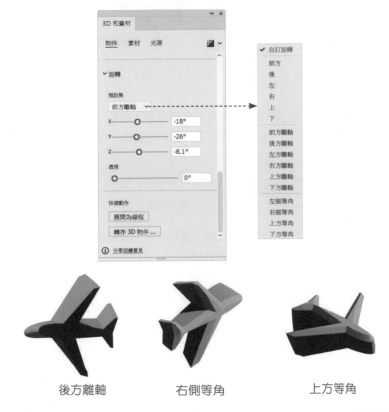

後方離軸

右側等角

上方等角

STEP **7** 完成所有的設定之後，按【確定】鈕，即可將所選取的 2D 物件轉變為 3D 物件。

使用 **選取工具** ▶ 點選轉變後的 3D 物件會出現「方向盤」指示，將滑鼠游標移動到上方不同的位置會顯示對應的說明，你可以再據此調整物件的外觀。

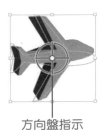
方向盤指示

繞 Y 軸旋轉

繞 X 軸旋轉

繞 Z 軸旋轉　　　　旋轉任意形狀

說明

- 在 3D 立體化的過程中，轉換的時間長短會視所輸入的設定值，以及電腦效能而不同，轉換的過程中可能會出現如下圖所示的對話方塊。

- 如果在執行 **3D 和素材** 指令時，出現如下圖所示的對話方塊，表示可能已經套用過其他 3D 效果，所以無法於相同物件上再次操作。

如果已習慣並熟悉 Illustrator CC 2014 之前版本建立 3D 物件的操作模式，可以在步驟 1 改為執行 **效果 > 3D 和素材 > 3D (經典)** 清單中的相關指令，例如：**突出與斜角 (經典)**。

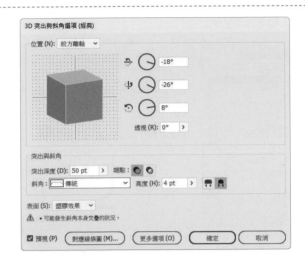

10-1-2 使用迴轉建立 3D 物件

迴轉 指令會環繞整體 Y 軸（迴轉軸）將選取的 2D 物件立體化。由於迴轉軸是垂直固定的，所以繪製的開放或封閉路徑的一半，需位於垂直和正面的位置上。

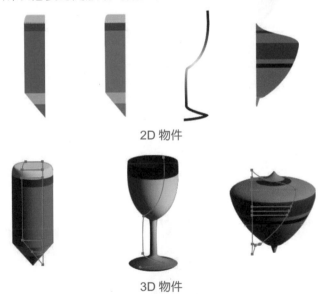

2D 物件

3D 物件

開放式路徑

STEP 1　先繪製一條路徑，將其選取後執行 **效果 > 3D 和素材 > 迴轉** 指令。

STEP 2　出現 **3D 和素材** 面板，你可以在其中設定各項參數，例如：**迴轉角度、位移** 及 **偏移方向起點**。

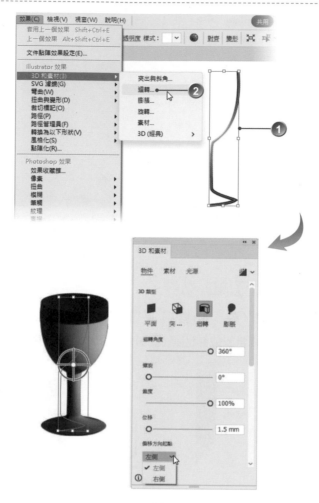

STEP **3** 完成所有的設定之後，按【確定】鈕，就可以將指定的 2D 物件轉變為 3D
物件。

迴轉角度 360，
左側偏移

迴轉角度 360，
右側偏移 10 mm

迴轉角度 210，
左側位移

📌 説明

轉換後的 3D 物件如果需要呈現透明質感，可以使用 **透明度** 面板調整立體物件的
不透明度 屬性。

封閉式路徑

STEP **1** 繪製一半的封閉式圖形（圖形內所有物件需群組在一起），接著執行 **效果 >**
3D 和素材 > 迴轉 指令。

STEP **2** 封閉式路徑可以製作出實心的立體物件，在填色上的變化也較為豐富，其操
作步驟皆與開放式路徑相同。

原始物件　　　迴轉角度 360，　　迴轉角度 360，　　迴轉角度 210，
　　　　　　　左側偏移　　　　　右側偏移　　　　　右側偏移 2 mm

10-1-3　製作 3D 物件光源

建立 3D 物件之後，可以透過調整 **光源** 變更物件的外觀，產生更富變化的效
果。其中包括：**增加光源**、改變 **光源強度**、修改 **網底顏色**⋯等。

STEP **1** 點選要製作光源的 3D 物件，將 **3D 和素材** 面板切換到 **光源** 頁面。

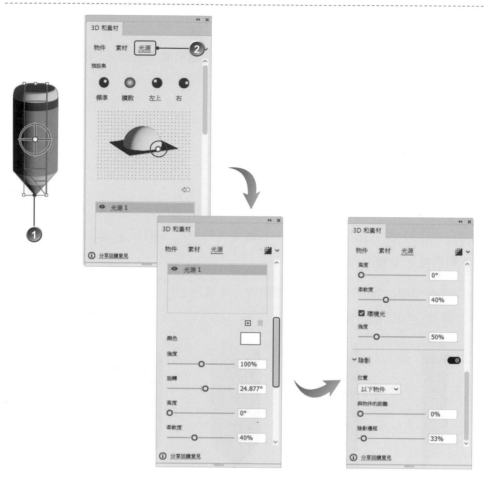

STEP **2** 在光源設定區域中，可以使用滑鼠拖曳移動光源。

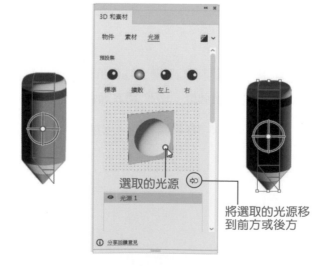

選取的光源

將選取的光源移
到前方或後方

STEP **3** 如果要增加光源，請按 **新增光源** 回 鈕，新光源會顯示在正中央，可以滑鼠
拖曳新增的光源調整位置、變更光源色彩、強度。

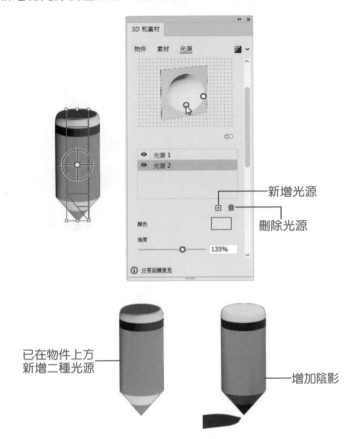

已在物件上方
新增二種光源

增加陰影

10-1-4　為 3D 物件貼上素材

3D 物件是由許多不同的面所建構而成，例如：立方體是由 6 個面所構成，其
包含了正面、背面、上面、下面及左、右二面。而球體的構成則是由一個面，經
過延展及相接後所形成的立體球形，如果想在表面上貼上圖案或材質，請參考這
一小節的說明。

STEP **1** 點選要貼上素材的 3D 物件，將 **3D 和素材** 面板切換到 **素材** 頁面，會顯示 **基本素材** 和 **Adobe Substance** 素材。

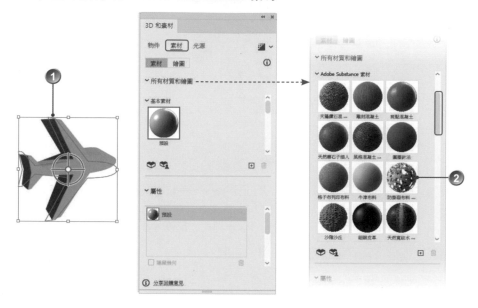

STEP **2** 選擇好要貼上的素材之後，還可以設定相關屬性。

貼上預設的「大理石繪製」素材

調整屬性之後的「大理石繪製」素材

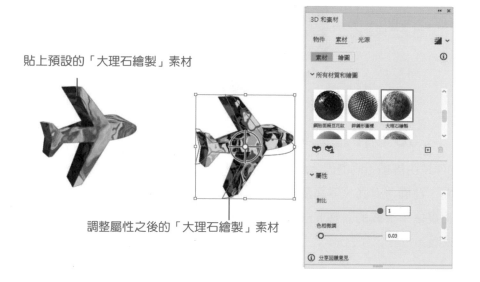

10-2 建立圖表

透過 Illustrator 的各式圖表工具，可以依據所輸入的數據快速建立不同類型的
統計圖表，圖表中的各個元素皆可以視為一般圖形進行修改，甚至還能自行設計
圖表數列圖案。

10-2-1 認識圖表類型

在 Illustrator 中可以使用 **工具** 面板的 **圖表工具** 群組，建立 9 種不同類型的
圖表。

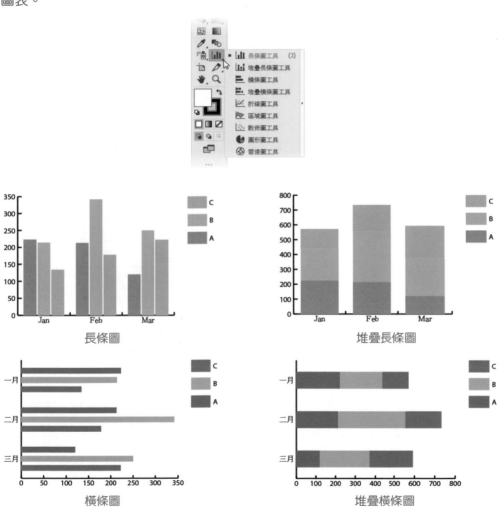

長條圖　　　　　　　　　　　　堆疊長條圖

橫條圖　　　　　　　　　　　　堆疊橫條圖

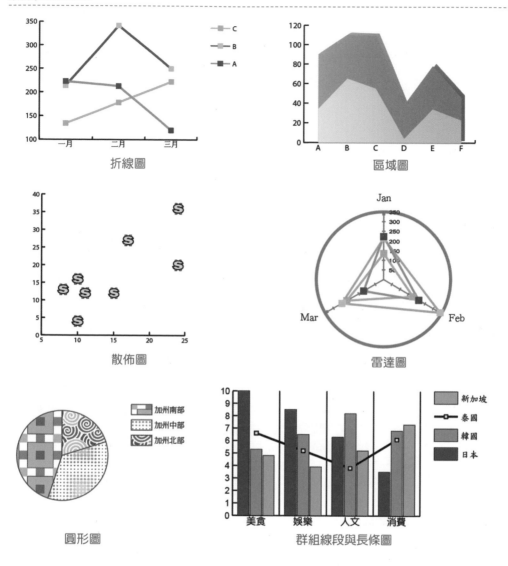

折線圖

區域圖

散佈圖

雷達圖

圓形圖

群組線段與長條圖

10-2-2 繪製長條圖

　　無論所要繪製的是何種類型的圖表，其建立的過程共有 5 個基本步驟：選擇圖表類型、使用圖表工具繪製、輸入圖表資料、設定格式、自訂圖表。

STEP **1** 在 **工具** 面板中，點選所要繪製圖表類型的對應工具，例如：**長條圖工具** 。

STEP **2** 接著，可以使用下列二種方式來建立圖表：

◆ 將滑鼠游標指向圖稿中要繪製圖表的起點，從其斜對角拖曳；若先按
住 Shift 鍵再拖曳，可以繪製出正方形圖表。

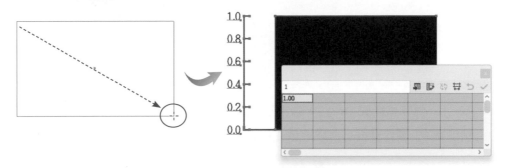

◆ 將滑鼠游標指向圖稿，在要建立圖表的地方按一下，出現 **圖表** 對話方
塊，輸入 **寬度** 和 **高度**，按【確定】鈕。

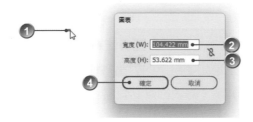

STEP **3** **圖表資料** 視窗會顯示在畫面中，直接在 **資料輸入框** 中依序輸入圖表的相關
資料。

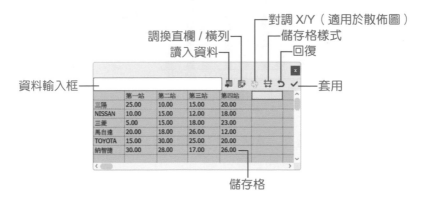

STEP **4** 按一下 **調換直欄 / 橫欄** 鈕，可以將欄、列資料調換。

STEP **5** 按一下 **儲存格樣式** 鈕，會出現 **儲存格樣式** 對話方塊，可以設定 **小數點位數** 與 **欄位寬度**，完成後按【確定】鈕。

STEP **6** 完成圖表資料的輸入工作之後，按 **圖表資料** 視窗右上角的 **關閉** 鈕；出現如圖所示的對話方塊，按【是】鈕，回到工作區域，圖表已建立妥當。

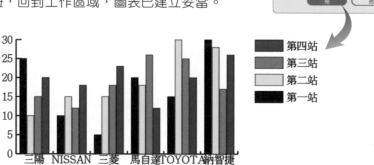

💬 **說明**

輸入資料後直接按 Enter 鍵，會跳至相同直欄的下一個儲存格；按 Tab 鍵，則會跳至同一橫列的下一個儲存格。

10-3 編輯圖表

　　學會了如何在 Illustrator 建立圖表之後，接著將說明如何變更圖表類型、修改圖表資料，以及如何編修圖表內的相關物件，例如：色彩、文件與圖樣等。

10-3-1 修訂圖表資料

　　如果只是單純的修正圖表資料，請使用 **選取工具** ▶ 點選圖表物件，再按一下滑鼠右鍵，選擇 **資料** 指令；或執行 **物件 > 圖表 > 資料** 指令，都會開啟 **圖表資料** 視窗供你編修資料，完成後按 **套用** ✓ 鈕。

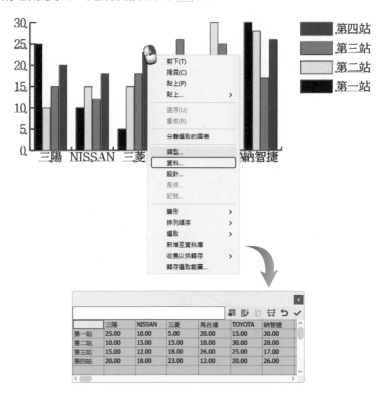

10-3-2 變更圖表類型

　　無論先前所建立的圖表是哪一種類型，隨時都可以再透過 **圖表類型** 對話方塊變更圖表的類型。

STEP 1 使用 **選取工具** ▶ 點選要變更類型的圖表物件，按一下滑鼠右鍵，選擇 **類型** 指令，或執行 **物件 > 圖表 > 類型** 指令，也可以快按二下 **工具** 面板中的任意圖表工具。

STEP 2 無論使用上述何種方式，都會出現 **圖表類型** 對話方塊，點選所要變更的圖表 **類型**，例如：**折線圖**，按【確定】鈕。

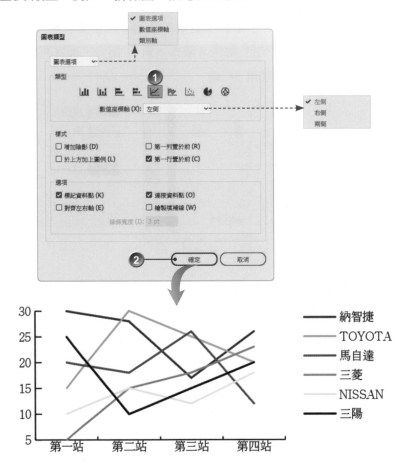

在 **圖表類型** 對話方塊中，除了可以變更 **圖表類型**，還可以為圖表加上 **陰影**、變更 **圖例** 的顯示位置…等，當然也可以細部設定 **數值座標軸** 與 **類別軸** 的格式。

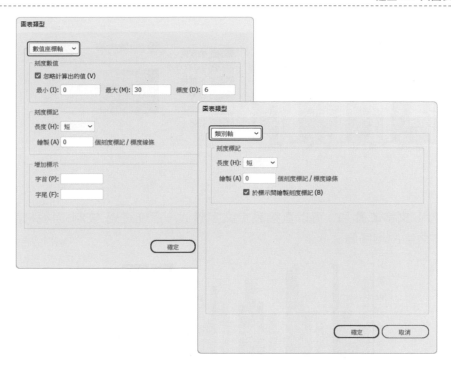

10-3-3　編修圖表物件

　　圖表是由多個相關物件所構成的，如果要編修色彩、字級或字體、長條⋯等，必須使用 **直接選取工具** ▷ 或 **群組選取工具** ▷ 點選要編輯的物件。

● 點選 **直接選取工具** ▷，一一選取「NISSAN」數列與圖例，在 **色票** 面板中選擇要套用的色彩。

● 若要同時變更所有「NISSAN」數列與圖例色彩，使用 **群組選取工具** ▷ 在資料數列上按滑鼠左鍵（3 次）直到全部選取為止，再於 **色票**、**色彩參考** 面板中選擇要套用的色彩。

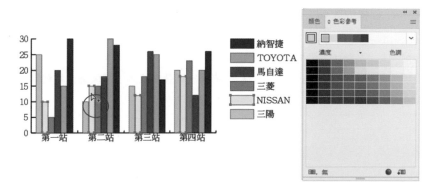

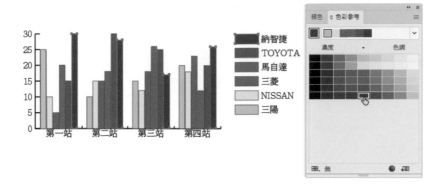

● 使用 **文字工具** T 可以直接設定文字樣式，還能透過 **控制** 面板來調整文字的相關屬性。

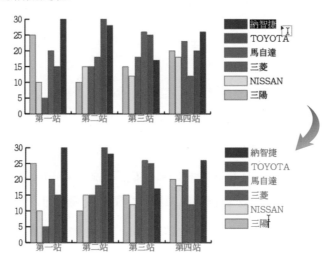

10-3-4 填入圖樣

如果圖表中只有簡單的色彩變化，看起來會稍嫌單調！此時，可以先使用各式繪圖工具，在圖稿中繪製要應用於圖表的圖樣，再將其填入到指定的數列。

📌 **說明**

有關「填入圖樣」的操作，只能套用在 長條圖、堆疊長條圖、橫條圖、堆疊橫條圖…等 4 種類型的圖表上。

STEP **1** 點選要填入到指定長條圖數列中的圖樣，執行 **物件 > 圖表 > 設計** 指令。

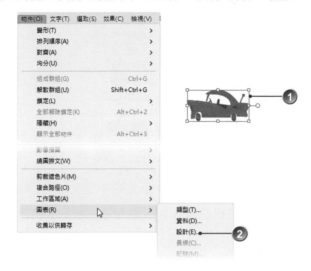

STEP **2** 出現 **圖表設計** 對話方塊，按【新增設計】鈕，新的圖樣會加入到清單中；如果要將新圖樣命名，請點選後按【重新命名】鈕。

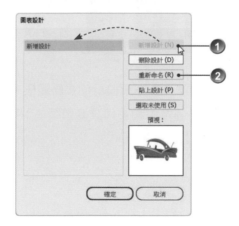

STEP **3** 接著，在對話方塊中輸入 **名稱** 之後，按【確定】鈕；回到 **圖表設計** 對話方塊，按【確定】鈕。

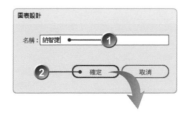

STEP **4** 使用 **群組選取工具** 連續點選 3 次「納智捷」數列；執行 **物件 > 圖表 > 長條** 指令。

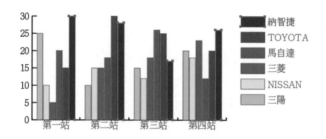

STEP **5** 出現 **長條圖** 對話方塊，選擇步驟 3 所設計的長條圖樣，在 **長條類型** 清單中，選擇 **重複** 項目；每一個汽車圖案代表 5 個單位；**不完整圖案** 的呈現方式請選擇 **截斷設計**，按【確定】鈕。

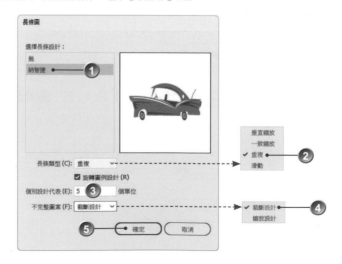

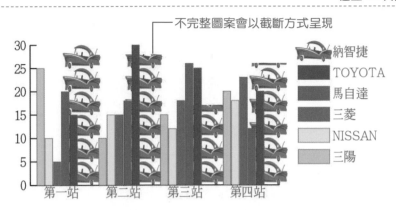

不完整圖案會以截斷方式呈現

10-3-5　結合不同類型的圖表

　　視需要也可以將不同的圖表類型結合為單一圖表,例如:可以將一組資料顯示成 **折線圖**,然後將其他組資料顯示為 **長條圖**。

STEP 1　先使用 **群組選取工具** 選取要變更類型的圖例,例如:三菱,然後執行 **物件 > 圖表 > 類型** 指令。

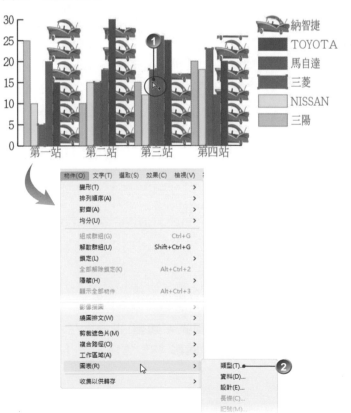

STEP **2** 出現 **圖表類型** 對話方塊，點選所要變更的圖表 **類型**，例如：**折線圖**，按
【確定】鈕。

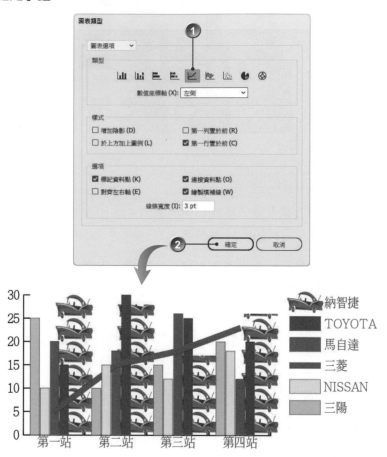

💬 **説明** ---

　　散佈圖 無法和其他類型的圖表結合在一起。

10-3-6　立體圖表及陰影效果

　　圖表建立之後，還可以為圖表增加立體化的視覺效果。

● 先點選圖表，再執行 **物件 > 圖表 > 類型** 指令，在 **圖表類型** 對話方
塊的 **樣式** 選項中勾選 ☑ **增加陰影** 核取方塊，按【確定】鈕。

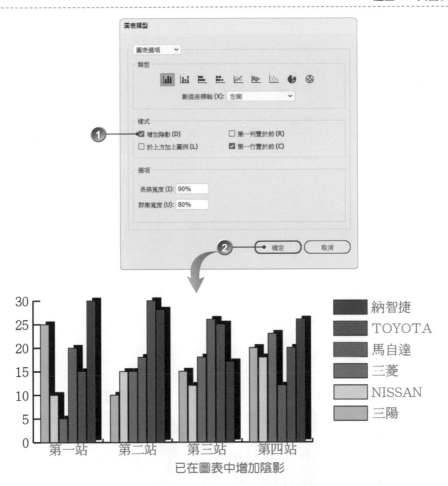

已在圖表中增加陰影

● 先點選 **直接選取工具** [▷]，再按住 ⎵Shift⎵ 鍵分別選取要改為立體圖的數列，執行 **效果 > 3D 和素材 > 突出與斜角** 指令，透過 **3D 和素材** 面板設定相關屬性。

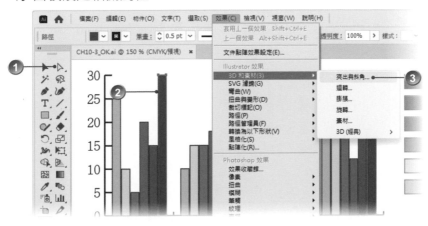

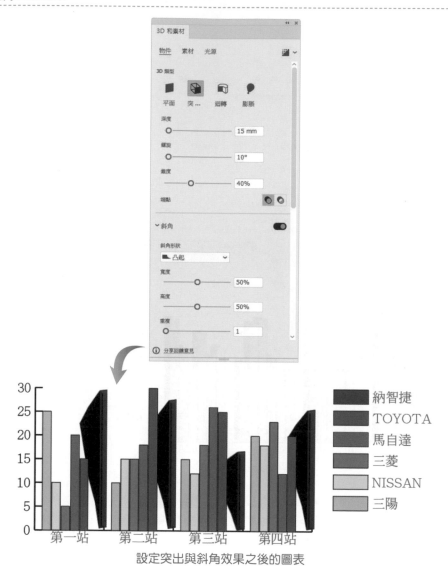

設定突出與斜角效果之後的圖表

11 創意符號的設定與應用

- 符號工具和符號組
- 使用符號繪圖
- 物件的外觀屬性
- 繪圖樣式

使用 Illustrator 繪製向量圖稿，如果少了各類面板的協助，就好像缺了左右手一般。全書進行到這裡已幾近尾聲，相信你對於 Illustrator 的各項功能已相當熟悉，在這一章將特別說明 符號、外觀 與 繪圖樣式 三個面板的應用。

11-1 符號工具和符號組

符號組 是使用 符號噴灑器工具 建立的符號範例群組。使用 符號組 時，請記得符號工具只會影響在 符號 面板中選取的符號，例如：如果建立有花和青草之草地的混合符號組，只要在 符號 面板中選取青草的符號，然後使用 符號旋轉器工具 ，變更青草的方向；如果要同時變更花和青草的尺寸，請在 符號 面板中選取二種符號，再透過 符號縮放器工具 調整。

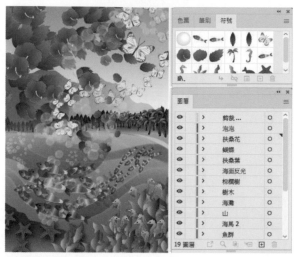

使用各式符號組所繪製的作品（早期 Illustrator 版本所附的樣本）

11-1-1 建立符號組

符號噴灑器工具 📷 就像是粒子噴灑器一樣，可以一次增加大批完全相同的物件到 **工作區域** 中，例如：使用符號噴灑器增加數百片綠葉、花朵、蝴蝶或雲彩。在視窗右側的面板群組中，點選 **符號面板** ♣，即會展開 **符號** 面板，然後點選所要繪製的符號，再透過 **符號噴灑器工具** 📷 按住滑鼠拖曳即可輕鬆繪圖。

STEP **1** 準備好要建立符號組的圖稿，點選 **符號** 面板下方的 **符號資料庫選單** 📠 鈕，選擇要使用的符號類別，即會出現對應類別的符號面板，例如：**藝術紋理**。

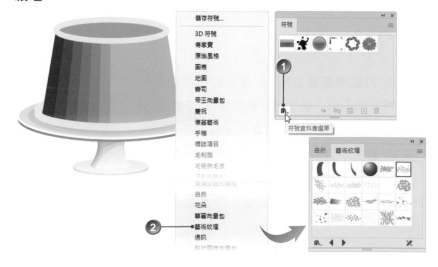

STEP **2** 在 **藝術紋理** 面板中，點選要建立的符號範例組，例如：**彩紙**；這時，所選擇的符號會加入到 **符號** 面板。

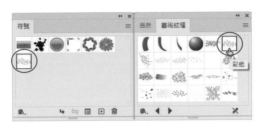

STEP **3** 點選 **符號噴灑器工具** ，按住滑鼠左鍵在工作區域拖曳繪製，即可建立 **彩紙** 符號範例組。

STEP **4** 如果要刪除已噴灑出的符號範例組，請按住 Alt 鍵，並在要移除符號範例組的位置按一下或拖曳即可。

已刪除部分噴灑出的符號範例組

💡 **說明**

🔹 使用滑鼠拖曳「噴灑」符號時，拖曳的速度越慢，符號越密集；反之，拖曳的速度越快，符號的呈現就越稀疏。

🌑 所建立的符號範例組無論其中包含多少物件，都會放在名為 符號組 的群組中，可以透過 圖層 面板檢視。

不同符號範例組都
放在同一「符號組」

11-1-2 變更符號範例位置

使用 **符號噴灑器工具** 🗒 所建立的符號範例，會存放在 **符號組** 圖層，如果想要透過 **選取工具** ▶ 改變符號組中各別物件的位置，是一點作用也沒有！正確的方式使用 **符號偏移器工具** 🔧。

STEP **1** 先選取要調整的符號範例組，再點選 **符號偏移器工具** 🔧。

STEP **2** 將滑鼠游標移動到要調整的符號物件上方，按住滑鼠左鍵拖曳，即可讓指定的符號物件偏移。

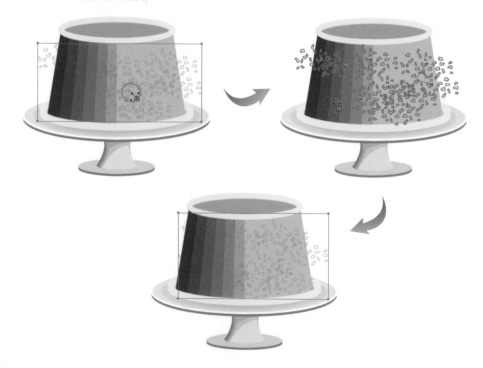

🔧 **説明**

- 🔵 **符號偏移器工具** 🖐 在執行時，每次所能調整的偏移範圍有限，若要移動較遠的距離，需多執行數次。

- 🔵 當符號重疊時，按住 [Shift] 鍵可將指定符號置前；按住 [Shift] + [Alt] 鍵可將指定符號置後。

11-1-3 壓縮或散佈符號範例

如果發現所噴灑出來的符號範例組過於分散，可以使用 **符號壓縮器工具** 🔬 來調整。

STEP **1** 先選取要調整的符號範例組，再點選 **符號壓縮器工具** 🔬。

STEP **2** 在過於分散的符號位置上，按住滑鼠左鍵不放，直到調整到滿意的位置後鬆開滑鼠按鍵，符號之間的距離就會拉近。

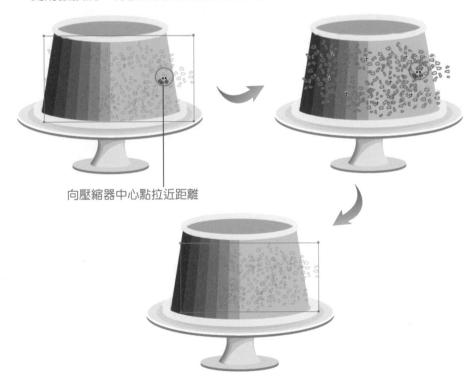

向壓縮器中心點拉近距離

STEP **3** 如果先按住 [Alt] 鍵，再按住滑鼠左鍵不放來調整符號，則符號之間的距離就會分散。

11-1-4 調整符號範例大小

如果要調整噴灑出來的符號範例組大小，好讓其在場景中呈現出遠近的層次感，可以使用 **符號縮放器工具** 🎯 來做調整。

STEP 1 先選取要調整的符號範例組，再點選 **符號縮放器工具** 🎯。

STEP 2 將滑鼠游標移動到要放大的符號上方，每按一下滑鼠左鍵就會放大一級。

STEP 3 如果先按住 Alt 鍵，再按住滑鼠左鍵來調整符號，可以縮小符號。

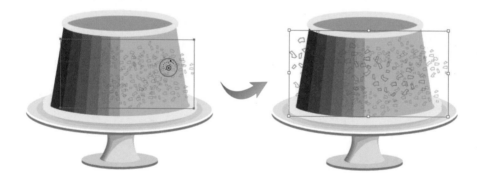

11-1-5 旋轉符號範例

使用 **符號旋轉器工具** 🔄 可以調整符號範例的旋轉角度。

STEP 1 先選取要調整的符號範例組，再點選 **符號旋轉器工具** 🔄。

STEP 2 將滑鼠游標移動到要調整的符號上方，按一下滑鼠左鍵上、下或左、右拖曳，符號上方會出現標示旋轉方向的箭頭，即可依需求調整符號所要呈現的角度。

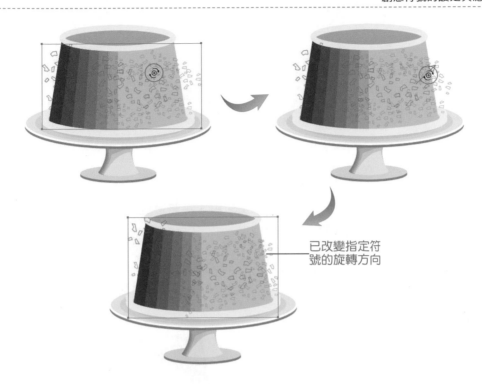

已改變指定符
號的旋轉方向

11-1-6　為符號範例著色與調整透明度

為符號範例著色會保留原來的明度，讓色相變得更趨近色調。因此，明度很高或很低顏色的物件變化很小，黑色或白色物件則完全不會改變。

STEP **1** 透過 **色票面板** 或 **檢色器** 設定「純色」的 **填色** 色彩。

STEP **2** 選取要調整的符號範例組，再點選 **符號著色器工具** 。

STEP **3** 先將滑鼠游標移動到要調整的符號上方，然後按住左鍵點選，即可調整符號的色彩。

已變更符號色彩

STEP 4 如果要回復到原來的色彩,請先按住 Alt 鍵,再將滑鼠游標移動到要還原色彩的符號上方按住滑鼠左鍵點選即可。

STEP 5 如果要改變符號色彩的透明度,請改選 **符號濾色器工具** ；再將滑鼠游標移動到要調整透明度的符號上方,然後按住滑鼠左鍵點選即可。

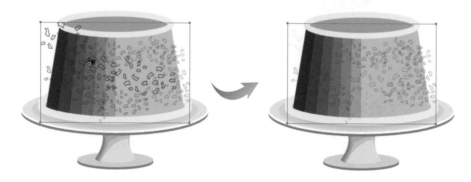

11-1-7 將繪圖樣式套用至符號範例

符號樣式設定器工具 可以在符號範例上套用或移除繪圖樣式。

STEP 1 先選取要調整的符號範例組,再點選 **符號樣式設定器工具** 。

STEP 2 在 **繪圖樣式** 面板中選取要套用的樣式,然後進行下列任一作業:

◆ 在要套用樣式的符號組位置上按一下或拖移,套用到符號範例的樣式數量會增加並逐漸改變。

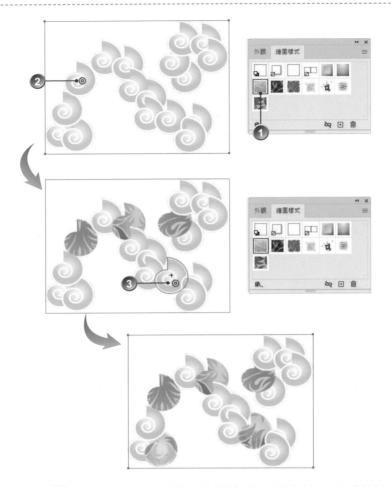

◆ 先按住 Alt 鍵再於要套用樣式的符號組位置上按一下或拖曳，可以減少樣式數量並顯示更多未套用樣式的符號。

◆ 符號工具游標的 **直徑** 和 **中心點** 會影響符號範例套用效果的程度。當符號游標範圍覆蓋在符號上時，其中心點越接近符號物件的中心，效果會越強烈。

11-1-8 符號工具的選項設定

如果想要改變各式符號工具游標的 **直徑**（大小）、**強度**，以及噴灑出來的 **符號組密度**，只要快按二下 **工具** 面板上的任意 **符號工具**，會開啟 **符號工具選項** 對話方塊，在其中做相關設定即可。

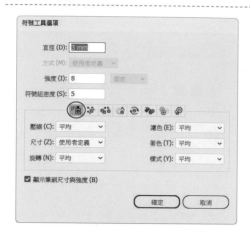
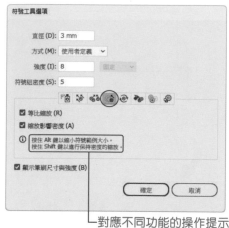

└─ 對應不同功能的操作提示

11-2 使用符號繪圖

　　符號 是一種可以在圖稿中不斷重複使用的圖形物件。例如：畫一張海底世界的圖，當你畫好一隻魚之後，若將它變成 **符號**，就可以透過 **符號** 面板重複繪製，不必真的費力畫出數十隻魚，如此一來可以節省繪圖的時間，而且可以大幅降低檔案大小。

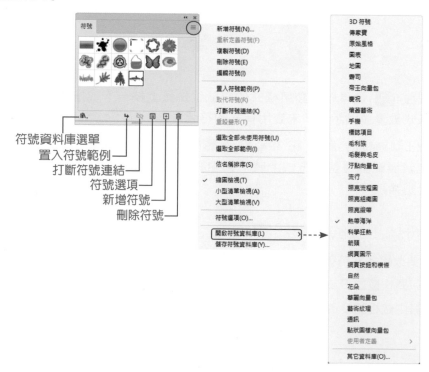

符號資料庫選單
置入符號範例
打斷符號連結
符號選項
新增符號
刪除符號

11-2-1 置入符號範例

如果只想在圖稿中置入某個單一符號範例,有下列三種方式可以擇一使用:

● 在 **符號** 面板中點選要使用的符號,按 **面板選單** ▤ 鈕,執行 **置入符號範例** 指令。

● 在 **符號** 面板中點選要使用的符號,按一下 **置入符號範例** ↴ 鈕,即可將指定的符號置入圖稿。

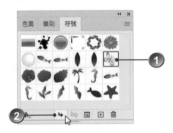

● 在 **符號** 面板中點選要使用的符號,使用滑鼠將其拖曳到圖稿上的指定位置,然後鬆開滑鼠按鍵。

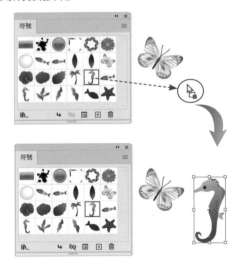

11-2-2 修改符號

符號 置入到圖稿後和一般的物件沒有什麼差異,同樣可以將其變形,或修改 **透明度**、**筆畫** 與 **填色**,當然也能套用 **繪圖樣式** 與 **效果**,但要修改之前必須先 **打斷符號連結**。

STEP **1** 選取圖稿上要修改的符號，按一下 **符號** 面板下方 **打斷符號連結** ![] 鈕，或按 **控制** 面板上的【切斷連結】鈕。

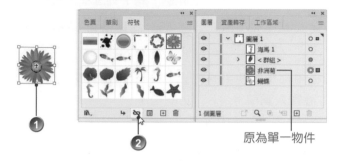

原為單一物件

STEP **2** 打斷連結之後，某些符號需再執行 **物件 > 解散群組** 和 **物件 > 複合路徑 > 釋放** 指令才能順利編輯。

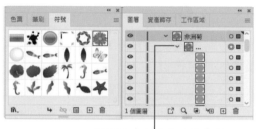

已解散成各自獨立的物件

STEP **3** 透過 **群組選取工具** ![] 或 **直接選取工具** ![]，點選要編修的部分或利用 **外觀**、**透明度**、**色票** 或 **圖層**…等面板來調整外觀，或刪去不要的部分。

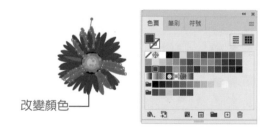

改變顏色

STEP **4** 選取修訂後的符號，按住滑鼠左鍵將其拖曳到 **符號** 面板的空白處，鬆開滑鼠按鍵。

STEP **5** 出現 **符號選項** 對話方塊，輸入 **名稱** 後按【確定】鈕，即可將其作為新的符號範例。

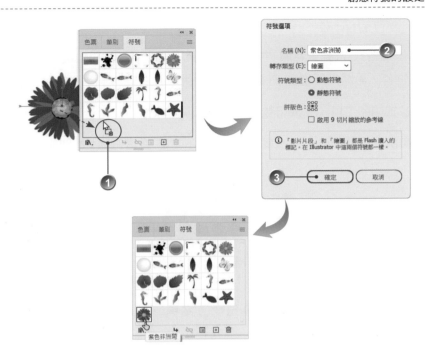

如果將步驟 4 改為選取修訂後的符號，然後點選 符號 面板中的原符號，再執行 符號 面板選單中的 重新定義符號 指令，則原來的符號範例會即刻變為修正後的模樣。

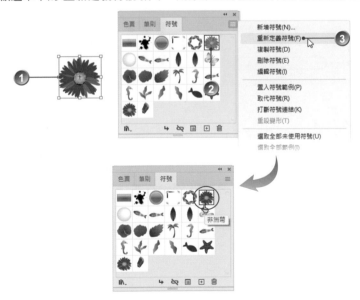

11-2-3 建立新符號

除了可以將各式 **符號資料庫** 中的 **符號範例** 新增至 **符號** 面板之外，可以自行繪製符號物件，再將其新增到 **符號** 面板中使用。

STEP **1** 使用各式繪圖工具，完成符號物件的繪製與設計。

STEP **2** 選取自訂的符號物件，按一下 **符號** 面板下方的 **新增符號** ⊞ 鈕。

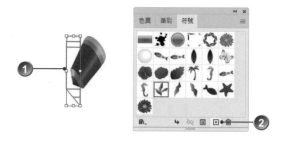

STEP **3** 出現 **符號選項** 對話方塊，輸入新符號的 **名稱**，按【確定】鈕。

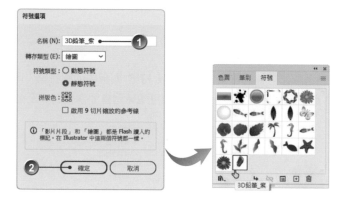

11-2-4 刪除符號

如果要將不要的符號從 **符號** 面板中刪除，請參考下列說明操作。

STEP **1** 在 **符號** 面板中點選要刪除的符號，按 **刪除符號** 🗑 鈕。

STEP **2** 出現提示訊息，按【是】鈕即可將指定的符號範例從面板中移除。

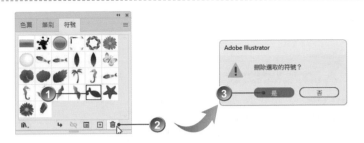

STEP **3** 如果圖稿中已使用此符號範例，則會出現「刪除警示」對話方塊。若只要從面板中移除，但要保留圖稿上的符號範例，請按【展開範例】鈕；反之，請按【刪除範例】鈕。

11-2-5　取代符號

　　如果在 Illustrator 繪製地圖的時候，使用過不少符號範例，但經年累月之後人事全非，必須修訂地圖上的某些符號，這時 **符號** 面板中的 **取代符號** 功能會是你的最佳救援！

STEP **1** 開啟要編修的圖稿，這個範例是 Illustrator 早期版本提供的範本「黃石公園地圖」之局內容。

STEP **2** 我們要將圖中所指的 **診所** 符號變更為 **醫院** 符號。請先選取圖稿中的 **診所** 符號，再點 **符號** 面板中的 **醫院** 符號，執行 **面板選單** 裡頭的 **取代符號** 指令。

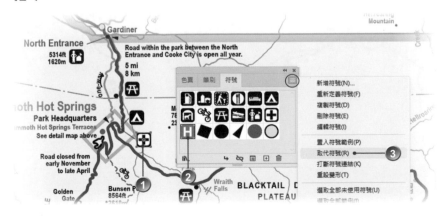

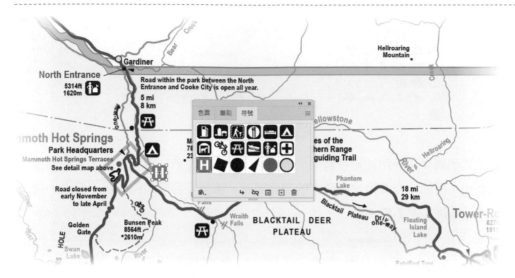

STEP **3** 如果是要將圖中所有的 **用餐區** 符號全部改為 **餐飲服務** 符號，不必一一選取後替換，只要先點選其中一個 **用餐區** 服務，按 **面板選單** ▤ 鈕執行 **選取全部範例** 指令，即會同時選取地圖上所有指定的範號範例。

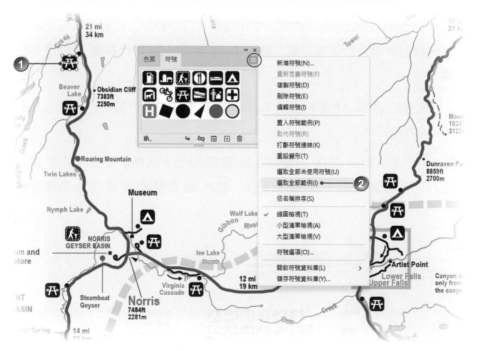

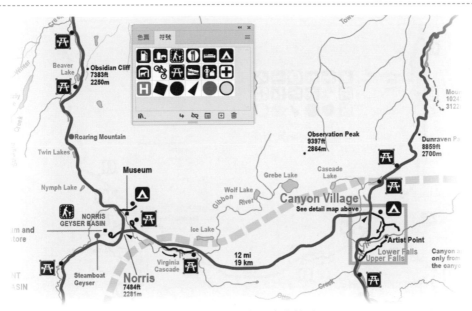

已經選取地圖上所有指定的符號

STEP **4** 先點選 **符號** 面板中的 **餐飲服務** 符號，再執行 **面板選單** ▤ 裡頭的 **取代符號** 指令。

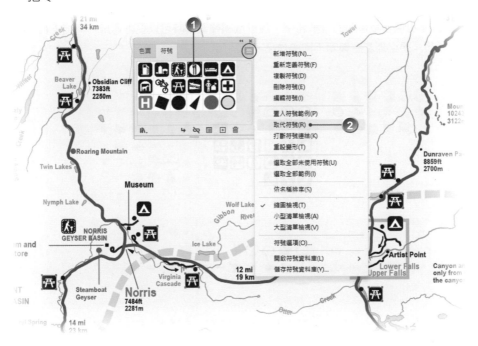

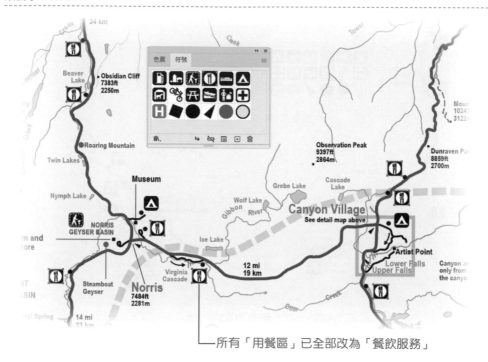

所有「用餐區」已全部改為「餐飲服務」

🔖 說明

Illustrator 提供多種類別的符號範例，設計或編輯圖稿時可以妥善運用，再加上自己的巧思，想必能產生與眾不同的作品。

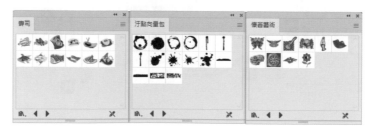

11-3　物件的外觀屬性

外觀 屬性只會影響物件的外表，不會改變其基本架構的特性，這些屬性包含：**填色**、**筆畫**、**透明度** 及 **效果**。如果將外觀屬性套用在某一物件，稍後再編輯或移除該屬性，並不會改變被套用的物件或套用至該物件的任何其他屬性。

設定物件外觀屬性時，可以搭配 **圖層** 面板協助操作。可以在圖層架構的任何一層（**圖層**、**群組**、**符號組**、**物件**…等）設定外觀屬性，例如：於某一圖層上套用陰影效果，則圖層中所有物件都會有陰影；但是一旦將物件移出該圖層，物件就不再有陰影，因為那是屬於該圖層的效果，而不是該圖層之中物件的效果。

11-3-1　認識外觀面板

外觀 面板是用來處理、記錄圖稿中已經套用在 **物件**、**群組** 或 **圖層** 上的 **填色**、**筆畫**、**透明度** 及 **效果**…等外觀屬性。

- 點選圖稿上的某一物件時，**外觀** 面板會顯示此物件的 **筆畫** 與 **填色** 二個基本外觀屬性。

- 如果所點選的是 **圖層**、**群組** 或 **符號組**…等「容器」，則會顯示 **內容** 項目；快按二下將其展開，會呈現所包含的外觀屬性。

- 如果點選的是 **文字**，則會顯示 **字元** 項目，快按二下將其展開就會顯示相關的字元屬性。

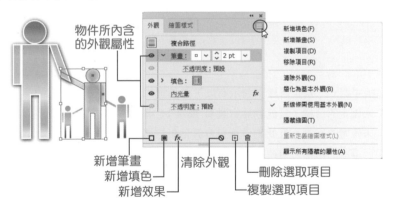

說明

- 在 **外觀** 面板中,會將 **圖層**、**群組**、**路徑**、**符號組**⋯等視為「容器」,因為它們內含多個物件。
- 如果要設定 **符號組** 的外觀屬性,必須先 **打斷符號連結** 並 **解散群組** 之後,才能設定。

如果想查看圖稿上某一物件的 **外觀** 屬性,只要在 **圖層** 面板中選取指定物件,即可透過 **外觀** 面板查閱與編輯。

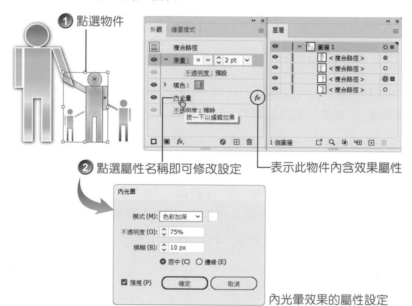

內光暈效果的屬性設定

說明

在 **圖層** 面板中關於「確定目標」圖示有以下幾種型式:

- 圖示:未確定的目標,且此物件只具有 **筆畫** 與 **填色** 二本基本外觀屬性。
- 圖示:未確定的目標,且此物件還包含其他外觀屬性。
- 圖示:已選取的目標,且此物件只具有 **筆畫** 與 **填色** 二本基本外觀屬性。
- 圖示:已選取的目標,且此物件還包含其他外觀屬性。

11-3-2　在容器上套用填色與筆畫

　　要如何在沒有 **外觀** 屬性的 **容器**（例如：**符號組**、**群組**…等）中新增 **填色** 或 **筆畫** 呢？

STEP **1** 在 **圖層** 面板或工作區域中選取要新增 **筆畫** 或 **填色** 的物件。

STEP **2** 點選 **外觀** 面板下方的 **新增筆畫** □ 或 **新增填色** ▣ 鈕。

STEP **3** 指定的容器會先填入 Illustrator 預設的 **筆畫（無）** 與 **填色（黑色）**。

STEP **4** 點選要變更的 **外觀** 屬性，例如：**填色**，再透過 **顏色** 或 **色票** 面板設定色彩；也可以使用 **筆刷**、**繪圖樣式** 面板更改 **填色** 或 **筆畫**。

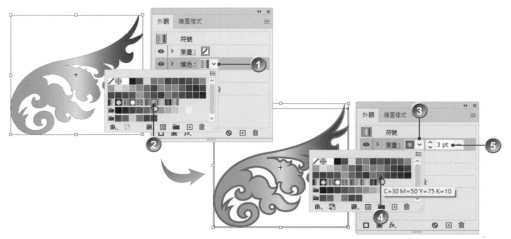

11-3-3 新增、變更與清除外觀屬性

透過 **外觀** 面板可以編輯所選取物件的效果等外觀屬性，那麼要如何增加、修改或移除外觀屬性呢？

新增效果

STEP **1** 選取要套用效果的物件，在 **外觀** 面板中按一下 **新增效果** fx. 鈕。

STEP **2** 在指令選單中選擇所要套用的濾鏡或效果，例如：**紋理 > 彩繪玻璃** 指令。

STEP **3** 出現對應的效果對話方塊，做好設定之後按【確定】鈕。

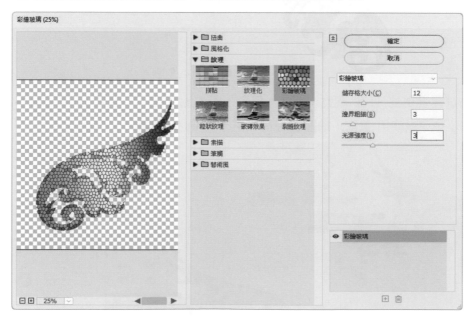

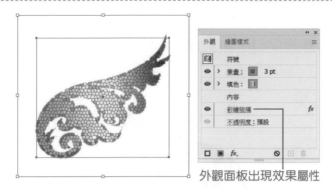

外觀面板出現效果屬性

變更效果

如果再按一次 **新增效果** fx 鈕，可以在選取物件上套用多重外觀效果。

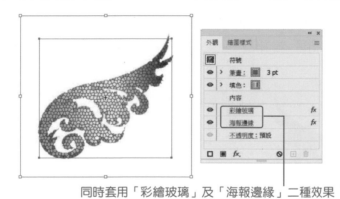

同時套用「彩繪玻璃」及「海報邊緣」二種效果

如果要修改已套用效果的外觀屬性，只要在該屬性上按一下滑鼠左鍵，即可透過對應的效果對話方塊重新設定。

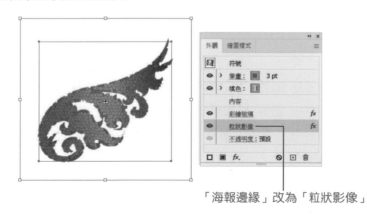

「海報邊緣」改為「粒狀影像」

清除外觀效果

如果直接按 **外觀** 面板上的 **清除外觀** ⊘ 鈕，會立即清除物件上的所有外觀效果。

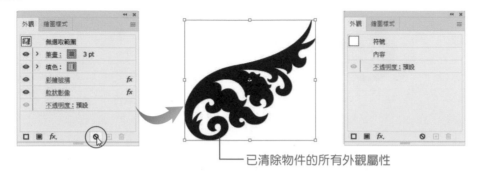

└─ 已清除物件的所有外觀屬性

如果只是想刪除指定的外觀效果，請先點選該效果然後按 **刪除選取項目** 🗑 鈕即可。

└─ 已刪除指定的外觀效果－「彩繪玻璃」

11-4　繪圖樣式

繪圖樣式 是一組隨著圖件儲存的可重複使用之外觀屬性，開啟圖稿時會顯示於 **繪圖樣式** 面板中。透過 **繪圖樣式** 可以迅速改變物件的外觀，例如：只要一個動作就能變更物件的 **填色**、**筆畫**、**透明度** 及 **效果** 設定；套用之後可以再變更，或將其全部還原。

如果預設的 **繪圖樣式** 不敷使用，請按 **繪圖資料庫選單** 🔃 鈕，再於選單中選擇所要使用的 **繪圖樣式資料庫**；開啟之後，點選對應的繪圖樣式面板中的「樣式」，即可將其加到 **繪圖樣式** 面板。

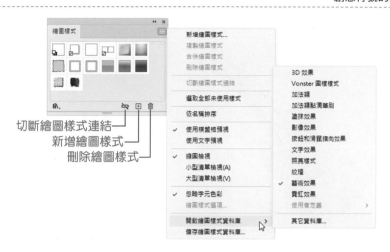

切斷繪圖樣式連結
新增繪圖樣式
刪除繪圖樣式

11-4-1　套用繪圖樣式

視需要可以將 **繪圖樣式** 套用在 **物件**、**群組** 或 **圖層** 中。如果是套用在 **群組** 或 **圖層**，則其內含的所有物件都會套用相同 **繪圖樣式** 的外觀屬性。

STEP 1 選取要套用繪圖樣式的物件、群組或圖層，於 **繪圖樣式** 面板中點選喜歡的樣式，即可將其套用至指定的物件。

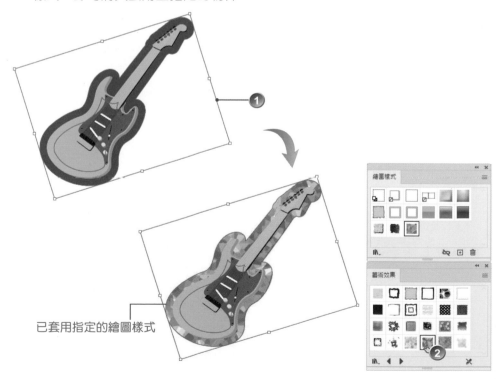

已套用指定的繪圖樣式

STEP **2** 檢視指定物件的 **外觀** 屬性,並視需要做編輯。

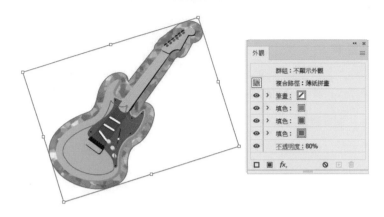

11-4-2 修改與新增繪圖樣式

繪圖樣式 面板中的每一個繪圖樣式,都包含自己的 **填色**、**筆畫**、**圖樣**、**效果**、**透明度** 與 **漸變**…等外觀屬性。你可以隨心所欲地調整繪圖樣式的外觀屬性,修改之後,原來套用此繪圖樣式的物件也會隨著更新。

STEP **1** 選取物件之後,在 **繪圖樣式** 面板中點選要修改的樣式,開啟並展開 **外觀** 面板。

STEP **2** 點選要修改的外觀屬性,例如:**填色**;再透過 **顏色** 或 **漸層** 面板調整色彩,或增加其他 **填色** 屬性。

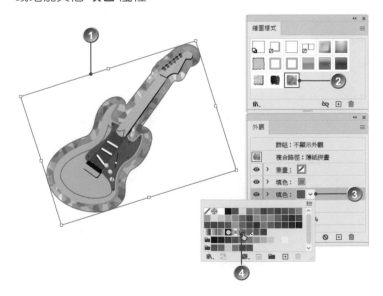

STEP **3** 完成設定之後，點選 **外觀** 面板上方修改後的樣式，使用滑鼠將其拖曳到 **繪圖樣式** 面板的空白處，鬆開滑鼠按鍵；或按一下 **新增繪圖樣式** ⊞ 鈕。

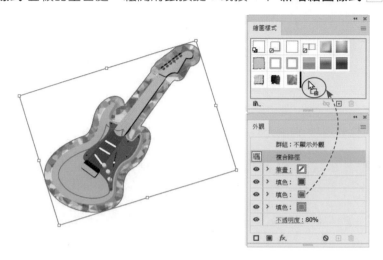

STEP **4** **繪圖樣式** 面板中即會增加一個新樣式，預設的樣式名稱為 **繪圖樣式**；快按二下新增的繪圖樣式，即可將其重新命名。

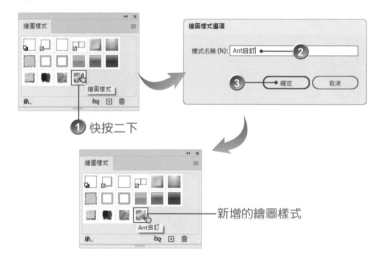

　　除了使用修改繪圖樣式或建立自訂繪圖樣式的方法新增樣式之外，還有更簡便的方式：依據二個以上的繪圖樣式建立新繪圖樣式。

STEP **1** 在 **繪圖樣式** 面板中，搭配 Ctrl 鍵點選要合併的繪圖樣式。

STEP **2** 按 **面板選單** ▤ 鈕，執行 **合併繪圖樣式** 指令。

STEP **3** 出現 **繪圖樣式選項** 對話方塊，輸入新的 **樣式名稱**，按【確定】鈕。

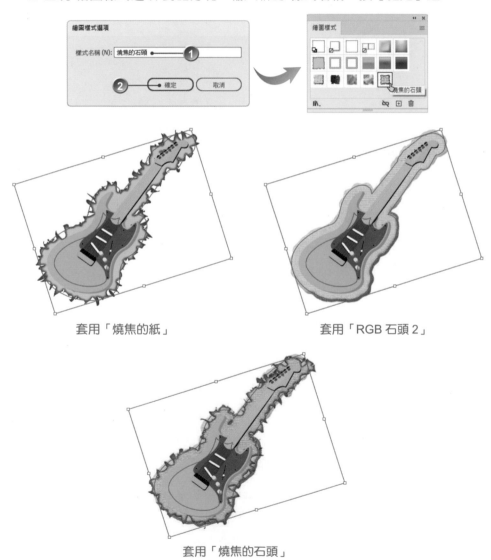

套用「燒焦的紙」　　　　　　　　套用「RGB 石頭 2」

套用「燒焦的石頭」

11-4-3　刪除與中斷連結繪圖樣式

在 **繪圖樣式** 面板中，同樣可以刪除不要的繪圖樣式或中斷連結。

● 如果要刪除繪圖樣式，請於點選後執行 **繪圖樣式** 面板選單中的 **刪除繪圖樣式** 指令，或按 **刪除繪圖樣式** 🗑 鈕。

● 如果要中斷連結繪圖樣式，請於點選後按 **切斷繪圖樣式連結** 🔗 鈕。中斷連結後物件、群組或圖層會保留相同的外觀屬性，但是已經可以獨自編輯不再與繪圖樣式相關聯了。

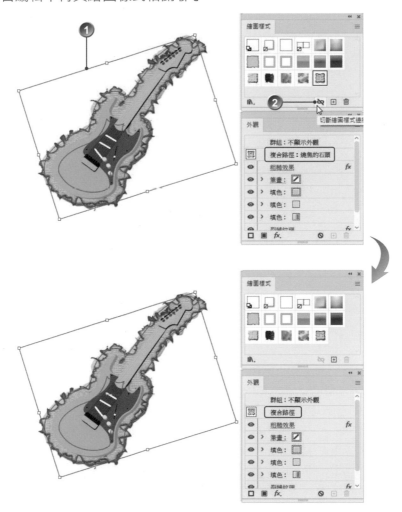

Note ...

12

編排與編輯圖片

- 置入檔案
- 臨摹手繪圖稿
- 影像描圖
- 剪裁遮色片
- 在文字物件中置入圖片

本書前面章節已說明如何在 Illustrator 中使用各項繪圖工具與功能，設計圖形、文字…等文件，只要加上自己的創意就能建立、完成作品。事實上你也可以將其他應用程式建立的檔案（向量繪圖和點陣影像）置入到 Illustrator，Illustrator 能夠識別常用的繪圖檔案格式。換句話說，你不一定要在 Illustrator 從頭繪製圖稿，透過 Adobe 產品間的緊密整合與各種檔案格式的支援，可以輕鬆地將圖稿從一個應用程式移到另一個應用程式。

12-1 置入檔案

Illustrator 能夠識別並支援一般常用的繪圖檔案格式，透過 **置入** 指令可以將各類型影像（*.pdf、*.eps、*.jpg、*.cdr…等格式）或文字（*.doc、*.txt…等格式）檔案，**內嵌** 或 **連結** 於已開啟的 Illustrator 圖稿中。

STEP **1** 先開啟要置入圖稿的 Illustrator 文件，執行 **檔案 > 置入** 指令。

STEP **2** 開啟 **置入** 對話方塊，選擇要置入的檔案之存放路徑，然後點選要開啟的檔案 (可以選擇多個檔案)。

STEP **3** 視需要勾選 ☑ **連結** 或 ☑ **範本** 核取方塊；如果都不勾選，則會直接將來源檔案的內容 **內嵌** 於 Illustrator 圖稿，按【置入】鈕。

可置入 Illustrator 的檔案格式

◆ **內嵌**：會將置入的圖稿以完整解析度拷貝至 Illustrator 文件中，所以產生的文件檔案較大。

◆ **連結**：在來源檔案與 Illustrator 圖稿之間建立連結，本身保持獨立，此方式所產生的 Illustrator 檔案較小。可以使用 **任意變形** ▣⋯等工具修改連結的檔案，但是不能選取和編輯其中的個別元件。使用此種方式置入圖稿時，記得要將來源檔與 Illustrator 文件放在相同的資料夾，以免移動檔案時出現遺失。

◆ **範本**：可以將來源檔案置入於 **範本圖層** 中。

◆ **顯示讀入選項**：所選取的檔案如果為 Illustrator 的資產，會顯示 **置入 PDF**（或 **Microsoft Word 選項**⋯等）對話方塊，完成設定後才會顯示 **載入圖形** ▣ 的滑鼠游標。

STEP **4** 此時工作區域會顯示 **載入圖形** ▣ 的滑鼠游標，使用 ◀ 或 ▶ 鍵可以預覽要置入的檔案內容縮圖。

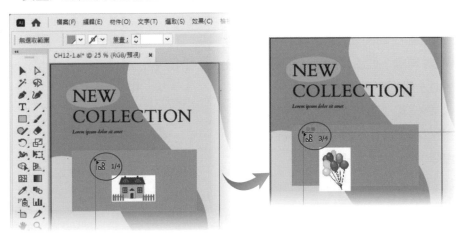

STEP **5** 如果要置入影像，請執行下列任一項動作：

◆ 將 **載入圖形** 📇 游標移到文件中指定的位置後按一下，即會置入原始
尺寸的檔案。

◆ 將 **載入圖形** 📇 游標移到文件中指定的位置後，按住滑鼠左鍵拖移，
文件中會置入到一個矩形邊框，其尺寸會與原始檔案的大小成比例。

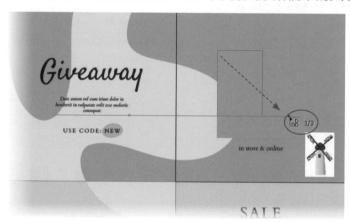

STEP **6** 將檔案置入到圖稿之後，會具有矩形框
線與對角線，使用滑鼠拖曳四個角落的
控制點（↗），可以縮放置入物件的大
小；將滑鼠游標移到置入的物件中並按
住滑鼠拖曳（▶），可以調整物件的擺放
位置。

STEP **7** 將滑鼠標移到控制點附近，等到出現 ↶ 符號時，按住滑鼠左鍵拖曳，即可旋轉物件。

調整物件的位置

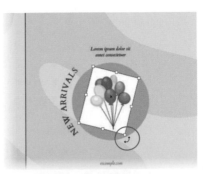

旋轉物件

置入 TIF 格式的圖片

說明

- 置入檔案的過程中，如果有檔案要放棄置入，可以按 `Esc` 鍵。
- 如果要判斷置入的圖稿是「連結」或「內嵌」，請執行 **視窗 > 連結** 指令，透過 **連結** 面板來辨識。

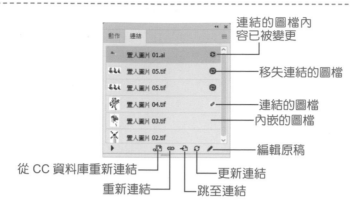

連結的圖檔內容已被變更

移失連結的圖檔

連結的圖檔

內嵌的圖檔

編輯原稿

從 CC 資料庫重新連結

重新連結

跳至連結

更新連結

◐ 當你再次開啟含有置入檔案的 Illustrator 文件，以及所置入的檔案連結位置變更或重新編輯過原始檔案時，都會出現如下圖所示的警告訊息，提醒你是否要更新。

◐ 如果圖稿裡面置入檔案的連結有異動，而導致開啟時找不到連結的檔案，則會出現如下圖所示的訊息，請再依據指示操作。

12-2 臨摹手繪圖稿

如果你之前有許多手繪的作品，除了可以透過 **影像描圖** 的方式，也可以使用 **鉛筆** ✐、**繪圖筆刷** ✐…等工具用臨摹的方式將其數位化。

STEP **1** 建立一份新的 Illustrator 文件，執行 **檔案 > 置入** 指令。

STEP **2** 開啟 **置入** 對話方塊，選擇要置入的檔案之存放路徑，然後點選要開啟的檔案；勾選 ☑ **範本** 核取方塊，按【置入】鈕。

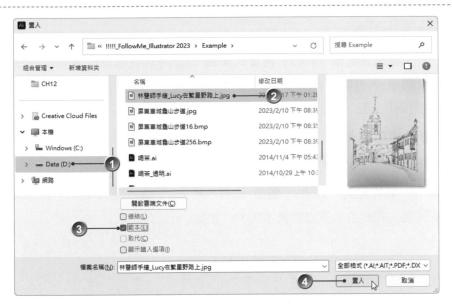

STEP 3 為了方便使用各項工具進行描圖，範本圖片會以 **50%** 的濃度且「鎖定」狀態置入，雖然可以在工作區域中看到此張圖片，但無法列印與輸出。

12-3 影像描圖

如果想把 **點陣式影像** 轉換為 **向量式影像** 或是將現有圖稿繪製成新圖形，可以使用 **影像描圖** 功能節省繪圖的時間。最新版本已可以產生更清晰的描圖、減少輸出的路徑和錨點，而且顏色的識別度也變得更好。

執行 **影像描圖** 指令除了會自動描圖，還能調整描圖的細節與填色方式，如果滿意所描繪的結果，可以再將其「展開」為向量路徑或「即時上色」物件。

STEP 1 延續上一節的範例，先透過 **圖層** 面板「解鎖」內嵌的範本物件，然後複製該圖層，再將位於下方的範本物件「鎖定」。

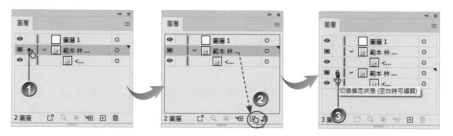

STEP 2 點選範例檔案中的影像，按一下 **控制** 面板上的【影像描圖】鈕，即會開始描圖；原來的「圖層名稱」會直接更名為「影像描圖」。

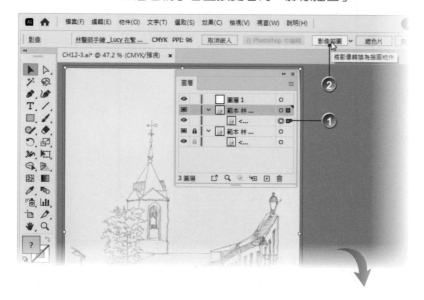

描圖預設集

影像描圖面板
檢視選項

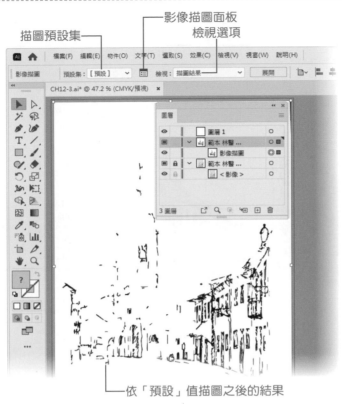

依「預設」值描圖之後的結果

STEP **3** 描圖的結果如果不夠精細,可以
點選 **控制** 面板上的 **影像描圖面
板** 鈕,做階的描圖設定,例
如:變更 **臨界值**。

STEP **4** 按一下 **控制** 面板上的【展開】鈕，可以將描繪的結果轉換成向量路徑。

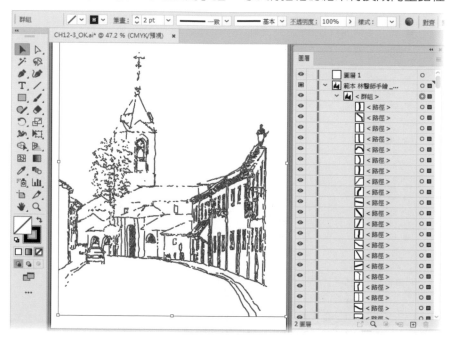

 說明

如果不想依據「預設」方式描圖，可以在按【影像描圖】鈕之前，先於 **描圖預設集** 選單中選擇描圖的方式。

線條圖，臨界值 180

技術繪圖，臨界值 180

12-4　剪裁遮色片

　　許多影像處理軟體中都有「遮色片」的功能，目的是透過多變的外型限制影像可顯示的範圍；因此，遮色片的外形會影響剪裁後影像所呈現的結果。我們可以將 **剪裁遮色片** 視為一種路徑物件，其形狀會剪裁圖稿中指定的圖形，換句話說，呈現出來的畫面就是將圖稿剪裁成遮色片的形狀。**剪裁遮色片** 和位於其下方的圖稿（被剪裁的物件），稱之為「剪裁群組」，在 **圖層** 面板中會以「虛線」標示。

12-4-1　遮住多餘的圖稿

　　可以選取一個或多個以上的物件，或群組、圖層中的所有物件製作成剪裁群組。若要順利建立 **剪裁遮色片**，請依循下面幾個準則：

● 只有 **向量式物件** 可以作為 **剪裁遮色片物件**，但所有的圖形物件、一個或多個以上的群組，選取之後都可以進行遮蓋。

● 要做為遮色片的物件，必須位於要被遮蓋圖稿（物件）的上層。

● 無論原來 **向量式物件** 的屬性是什麼，只要它成為 **剪裁遮色片物件**，
就會變成 **無填色、無筆畫** 的單純路徑物件。

STEP **1** 同時選取要做為剪裁遮色片的路徑物件，與要被剪裁的物件。

要被剪裁的物件

要做為剪裁遮色片的路徑物件

STEP **2** 執行 **物件 > 剪裁遮色片 > 製作** 指令。

圖層面板中會呈現 < 剪裁群組 >

已在圖稿上建立剪裁遮色片

12-4-2　使用分離模式編輯內容

完成遮蓋物件的動作後，針對物件（不管是遮色片或被剪裁的物件）的移動或變形都只會顯示遮色的區域，在 **分離模式** 中可編輯「剪裁群組」的內容。

STEP **1** 快按二下帶有遮色片的群組物件，即會進入 **分離模式**，然後就能針對遮色片或物件做編輯。

目前的層級

快按二下

已進入分離模式

STEP **2** 繼續在要編輯的群組物件上快按二下滑鼠左鍵，進入下一層級。

STEP **3** 若想回到上一個層級，可按一下 **返回上一層級** ◀ 鈕；若要離開 **分離模式** 則只要在物件外任意處快按二下滑鼠左鍵即可。

替影像加上「濕紙效果」

説明

- 使用 **分離模式** 可以輕鬆選取和編輯特定物件或部分物件。圖層、子圖層、群組、符號、剪裁遮色片、複合路徑、漸層網格、路徑 和 筆刷（用於編輯筆刷定義）…等物件都可以進入 **分離模式** 編輯。

- 在 **分離模式** 中，可以刪除、取代和新增與分離相關的圖形物件；離開 **分離模式** 後，便會取代或將新物件加到原分離圖稿的相同位置。

- **分離模式** 會自動鎖定該層級以外的所有物件，讓編輯動作只能影響到分離模式中的物件，無須顧慮物件所在的圖層，也無須手動鎖定或隱藏不希望受編輯動作影響的物件。

12-4-3 釋放剪裁遮色片

要將剪裁遮色片還原為一般路徑圖層，可以執行 **釋放** 指令。

STEP **1** 點選要釋放的「剪裁群組」。

STEP **2** 按 **圖層** 面板上下方的 **製作 / 解除剪裁遮色片** 鈕，或執行 **物件 > 剪裁遮色片 > 釋放** 指令。

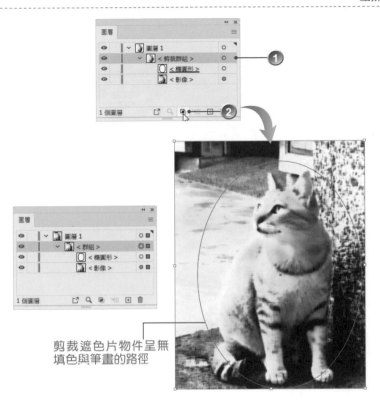

剪裁遮色片物件呈無
填色與筆畫的路徑

12-5 在文字物件中置入圖片

使用 **繪製內側** ◉ 模式可以依據文字物件的形狀，自動製作成剪裁遮色片，讓
其可以置入圖片。

STEP **1** 使用 **選取工具** ▶ 點選文字物件，按一下 **工具** 面板中的 **繪製內側** ◉ 鈕。

STEP **2** 這時，文字物件的 4 個角落會出現「虛線框」，請執行 **檔案 > 置入** 指令。

STEP **3** 出現 **置入** 對話方塊，選取要使用的圖片，勾選 ☑ **連結** 核取方塊，按【置入】鈕。

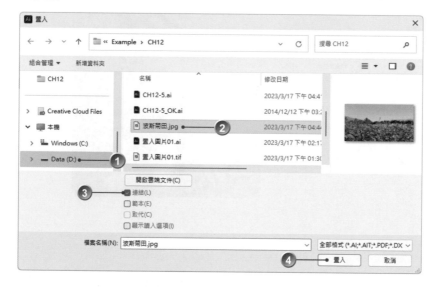

STEP **4** 此時工作區域會顯示 **載入圖形** 的滑鼠游標，移到文件中指定的位置後按一下，即會置入指定的圖片。

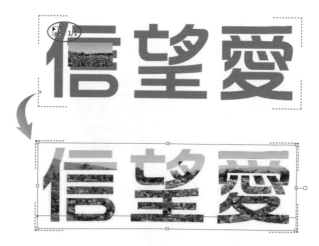

STEP **5** 置入文字中的圖片已依據文字物件形狀填滿，這時候的文字就成了 **剪裁遮色片**。如果想要變更圖片的大小、調整位置，請按 **控制** 面板上的 **編輯內容** ⊙ 鈕；若是要編文字，則按 **編輯剪裁路徑** ⊡ 鈕。

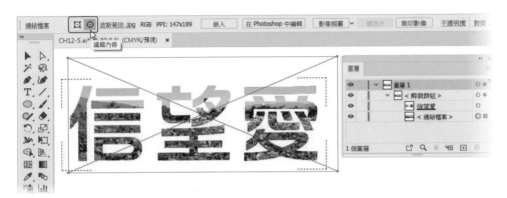

🔖 **說明**

◉ 如果要解除 **繪製內側** 模式，請使用 **選取工具** ▶ 點選工作區域的空白處，或按 **工具** 面格中的 **一般繪製** 🔘 鈕。

◉ 如果要解除 **剪裁遮色片**，請執行 **物件 > 剪裁遮色片 > 釋放** 指令，或按 **圖層** 面板下方的 **製作 / 解除剪裁遮色片** ▣ 鈕。

Note ...

13 快速加入創意特效

- 套用各式效果的原則
- 套用Illustrator效果
- 套用Photoshop效果
- 使用透視格點工具

Illustrator 主要是用來處理 **向量圖形**，但在繪製圖稿的過程中，免不了會置入一些 **點陣圖形**，有時也會有將向量圖稿轉為點陣圖的需求，所以可將 Illustrator 視為處理綜合圖形與影像的美工設計軟體。Illustrator 提供上百種 **濾鏡、效果** 指令，只需簡單的動作就可以完成影像特效。

13-1 套用各式效果的原則

無論是 **濾鏡** 還是 **效果** 指令，全部都位於 **效果** 功能表，使用各式 **效果** 指令之前，必須先瞭解下列幾個原則：

- 使用 **效果** 指令時，Illustrator 會針對 **選取範圍** 套用指定的 **效果**。

- **效果** 指令的套用結果和 **影像解析度** 有關。執行相同的指令時，解析度高的影像效果可能較不明顯，部分指令可以設定處理的 **半徑範圍** 控制效果的強弱。

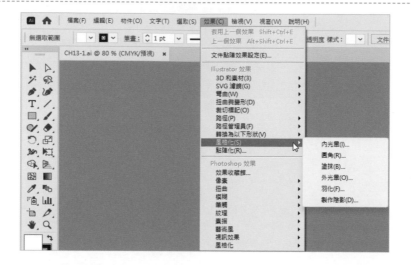

● 執行 **效果** 指令後，系統可能需要一些運算時間，因此在許多 **效果** 指令的對應對話方塊中，都提供了 **預視** 功能。適時使用 **預視** 功能，可以在正式執行前確認 **效果** 的套用結果。

● 執行完 **效果** 指令後，**效果** 功能表的第一個指令會出現套用上一個效果，例如：**變形**、**羽化**⋯等指令，讓你快速再重複套用相同的 **效果**，用以強化要在影像上呈現的結果。

● 使用 **編輯** 功能表中的 **還原/重做** 指令，可以立即切換比對套用 **效果** 指令前、後的結果。

- 同一物件在不同的 **色彩模式** 下所執行的 **效果** 指令，可能會產生不同的結果。

- 路徑物件套用 **效果** 指令後，會保留原來的路徑，所以可再透過 **外觀** 面板於任何時候變更效果選項或移除效果。

- **效果** 功能表上層的 **Illustrator 效果**，除了 **3D**、**SVG 濾鏡**、**彎曲**、**扭曲與變形** 及 **風格化 > 製作陰影、羽化、內光暈、外光暈** 指令可以同時應用在向量和點陣圖形之外，其餘的效果都是應用於向量圖形；下層區段的 **Photoshop 效果**，則可以套用至向量圖或點陣圖。

13-2 套用 Illustrator 效果

可以將 **Illustrator 效果** 套用到一個或多個向量圖形物件上，套用之前請記得先選取物件。

13-2-1 SVG 濾鏡

Illustrator 提供一組預設的 SVG 濾鏡，選取物件後直接套用，或者自行以 XML 代碼產生自訂的效果，視需要可以編修 SVG 濾鏡產生新效果。

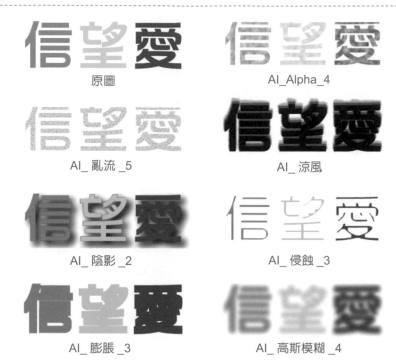

原圖　　　　　　　　　AI_Alpha_4

AI_亂流_5　　　　　　　AI_涼風

AI_陰影_2　　　　　　　AI_侵蝕_3

AI_膨脹_3　　　　　　　AI_高斯模糊_4

> **說明**
>
> 如果同一物件中，要套用多種 效果，**SVG** 濾鏡 效果必須最後一個套用。

13-2-2　扭曲與變形

在向量圖形中套用 **效果 > 扭曲與變形** 會保留物件的原始路徑，視需要還可以透過 **外觀** 面板調整效果屬性，或使用 **直接選取工具** ▷、**鋼筆工具** ✎ 與 **控制** 面板…等工具，變更物件的造型。

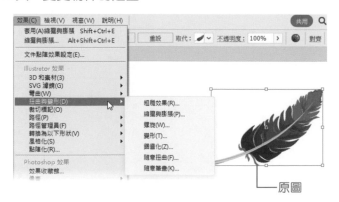

原圖

● **粗糙效果**：可以將向量物件的路徑線段，變形成各種大小的尖峰和凹谷的鋸齒陣列。透過 **絕對的** 或 **相對的** 尺寸來設定區段路徑的最大長度，在 **細部** 選項中可以設定每英吋鋸齒邊緣的密度，選擇要採用 **平滑** 或 **尖角** 邊緣。

● **縮攏與膨脹**：在路徑線段向內彎曲時（縮攏），向外拉出向量物件的錨點；或在路徑線段向外彎曲時（膨脹），向內拉近錨點。

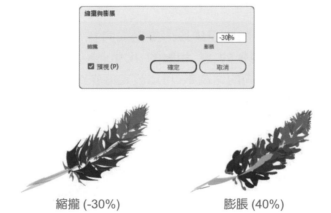

縮攏 (-30%)　　　　　　　　膨脹 (40%)

● **螺旋**：用來旋轉物件，若依物件 **中心點** 為依據，則旋轉的程度會較邊緣劇烈。設定值為正，會依順時針扭轉；若為負值，則會逆時針扭轉。

螺旋 125°

● **變形**：可改變物件外形，拉長或加寬。

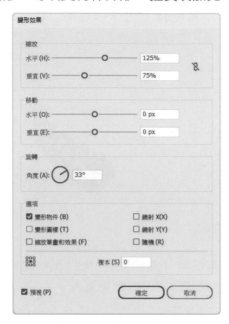

變形

● **鋸齒化**：可以將物件的路徑線段，變形成同樣尺寸之尖峰和凹谷的鋸齒或波形。透過 **絕對的** 或 **相對的** 尺寸來設定區段路徑尖峰和凹谷之間的長度，各區間的鋸齒數 可以設定每條路徑線段的隆起數目，選擇要採用 **平滑** 或 **尖角** 邊緣。

鋸齒化 (平滑)

● **隨意扭曲**：可以使用滑鼠拖曳任意四個轉角的控制點，改變向量物件的形狀。

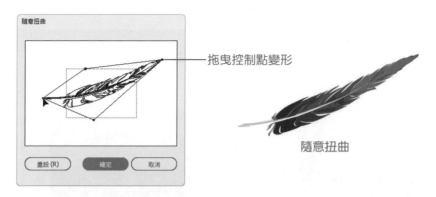

隨意扭曲

● **隨意筆畫**：將路徑線段隨機向內或向外進行彎曲和扭曲。可以設定 **垂直** 及 **水平** 的扭曲效果，並選擇要採用 **絕對的** 或 **相對的** 程度；此外還可以指定是否要修改 **錨點**，或者移動路徑上的「向內」、「向外」控制點。

隨意筆畫

📌 **說明**

◑ 扭曲效果套用後的變形樣貌，與使用 **液化變形**（ ▣ 、 ▣ 、 ✸ 、 ▣ 、 ▣ 、 ▣ 、 ▣ …等）工具幾近類似。

◑ 如果想編輯經過變形的物件外框，請執行 **物件 > 擴充外觀** 指令。擴充之後，物件上所套用的效果屬性會隨之消失。

13-2-3　裁切標記

裁切標記 指令可依據選取的物件範圍，在四個角落外側產生「裁切標記」；移動或改變物件大小，「裁切標記」也會跟著改變。

STEP **1** 選取要產生 **裁切標記** 的物件；執行 **效果 > 裁切標記** 指令。

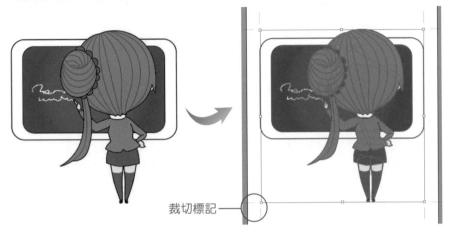

裁切標記

STEP **2** 若要移除「裁切標記」效果，在 **外觀** 面板中將 **裁切標記** 效果刪除即可。

13-2-4　路徑與路徑管理員

路徑 效果可以原始位置為依據，建立位置位移的路徑物件；也能將 **文字物件** 轉換為 **複合路徑**，製作出特殊造型的文字。此外，還可以將所選取物件的「筆畫」，變更為與原始筆畫相同寬度的「填色」物件。

位移複製

路徑管理員 效果會將所選取的數個物件融合，產生新的複合形狀或複合路徑。合併路徑之後，還可以選取或移動個別路徑，也可以透過 **外觀** 面板來修改或移除效果。

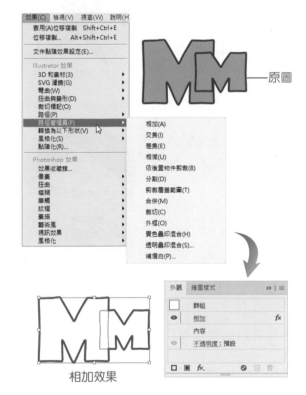

相加效果

🔖 **說明**

這部分的詳細操作及應用，與 8-4-1 節中所說明的 **路徑管理員** 面板操作相同，請讀者自行參閱。

13-2-5 風格化

在物件上套用 **風格化** 效果之後，會產生多種不同的繪圖風格。

原圖

● **內光暈**：在選取物件的邊緣內側增加向內散出的光暈效果。

設定光暈色彩

● **圓角**：物件上含有尖角的路徑可以轉換為圓角。

● **塗抹**：套用之後會使物件看起來像是粗糙的手繪圖稿，或像是機器所產生的效果。此效果會將物件的 **填色** 與 **筆畫** 轉換為彩色的線條，對話方塊中的效果選項可以控制線條的 **角度**、**路徑重疊**、**筆畫寬度**、**弧度**、**間距**…等。

● **外光暈**：在選取物件的邊緣內側增加向外散出的光暈效果。

● **羽化**：會以指定的 **羽化半徑**，使物件邊緣逐漸淡化成透明，藉以柔化物件邊緣。

● **製作陰影**：可以快速製造出逼真的陰影效果以增加物件的立體感。

13-2-6 點陣化

執行 **效果 > 點陣化** 指令，可以用來將 **向量圖形** 轉換為 **點陣圖形**。

轉為點陣圖後，物件邊緣會產生鋸齒

13-3 套用 Photoshop 效果

　　效果 功能表下方的 **Photoshop 效果** 指令，除了可以套用在 **點陣圖** 之外，若圖稿中含有 **向量圖** 也會一併套用。

點陣圖　　　　　向量圖

　　套用 **效果 > 紋理 > 裂縫紋理** 的結果，如下圖所示：

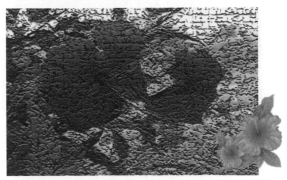

同時選取後的套用結果

只套用到點陣圖

13-3-1　效果收藏館

使用 **效果收藏館** 指令，可以快速設定效果屬性與檢視套用後的結果。透過此對應的效果對話方塊，可以在影像上套用喜愛的單一或多重，並進一步設定相關屬性，設計出另人讚嘆的絕妙效果！

STEP 1　點選要套用效果的物件，點選 **效果 > 效果收藏館** 指令。

STEP 2　出現 **濾鏡收藏館** 對話方塊，在效果選單中選取所要套用的特效，設定相關屬性，完成之後按【確定】鈕即可套用。

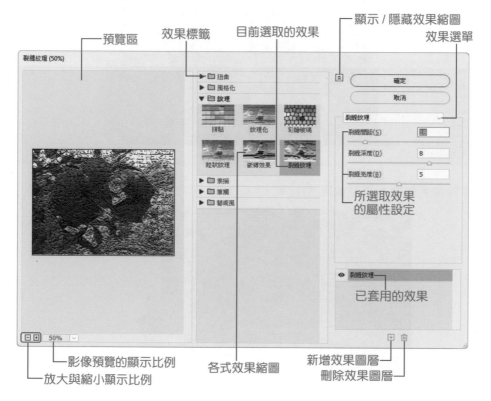

13-3-2　像素

Illustrator 提供了 4 種像素變化的效果指令，它們主要的功能是將顏色相近的像素合併，以產生明確的輪廓或是特殊的視覺效果。

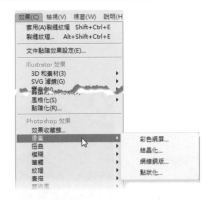

● **彩色網屏**：在影像中產生類似網版印刷的網點；這一個過程是模擬網點的視覺效果，並非真的進行分色處理。執行時可以設定 **最大強度**（4 至 127 像素），**網角度數** 也可以自由設定。

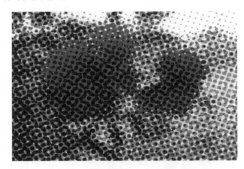

● **結晶化**：可以製作結晶化的效果，結晶顆粒的大小可以調整，範圍是 3 至 300 像素。

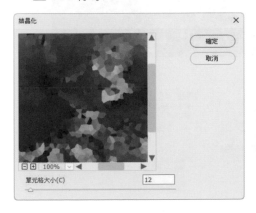

● **網線銅版**：製作網紋效果，由隨機亂數產生黑、白或高彩度顏色的網紋來取代原有的像素。網紋的形狀和大小可以在下拉式選單中設定，共有 10 種選擇。

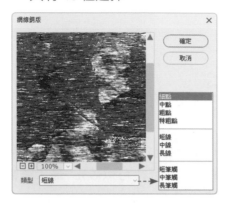 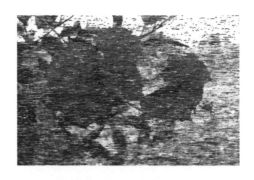

● **點狀化**：製作點狀繪圖的效果，影像中的顏色會成為點狀，同時不規則的隨機分佈於影像中，**單位格大小** 可以在 3 至 300 像素之間設定。

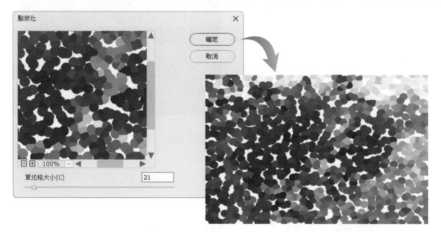

13-3-3　扭曲

　　扭曲 效果內含 3 種不同的扭曲特效，是以幾何方式來扭曲影像，使其產生 3D 或其他變形的效果。

原圖

● **擴散光暈**：可以使畫面產生顆粒狀的柔化效果，同時產生光暈。設定時會開啟 **收藏館 - 擴散光暈** 對話方塊，視需要可調整 **粒子大小**、**光暈量** 及 **清除量**。

● **海浪效果**：設定時會開啟 **收藏館 - 海浪效果** 對話方塊，視需要設定 **波紋大小** 與 **波紋強度** 參數。

● **玻璃效果**：套用後會呈現出如同透過玻璃所看到的影像，設定時會開啟 **收藏館 - 玻璃效果** 對話方塊，可以調整 **扭曲** 的大小、設定 **平滑度** 及變更玻璃 **紋理**。

13-3-4 模糊

在 **效果 > 模糊** 指令中有 3 種模糊效果指令，可以使影像較為柔和，或製作迷霧或夢幻的效果，也可以掩飾小瑕疵，功能相當於攝影用的柔焦鏡。

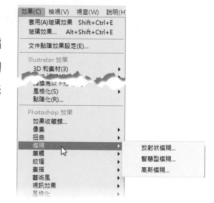

● **放射狀模糊**：模擬攝影時在曝光過程中，旋轉相機或是進行變焦的效果。產生的模糊動線可以呈放射狀或是旋轉形狀，同時可以設定模糊的程度。

  ● **模糊方式**：有二個選項，**旋轉** 是模擬相機旋轉，**縮放** 可以模擬曝光中變焦產生的放射狀效果。

  ● **總量**：範圍是0至100；點選 **旋轉** 方式時，這個數值可以控制旋轉的角度；點選 **縮放** 方式時，則可以決定放射線的長度，數量數值越大，模糊效果越明顯。

  ● **品質**：套用此效果執行相當費時，因此提供了三種品質選項。

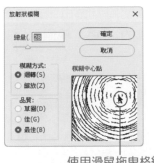

使用滑鼠拖曳格線
可以設定圓心位置

- **智慧型模糊**：此指令提供較多的變化效果。**強度** 數值越大越模糊，**模式** 清單中包含 **正常、僅限邊緣、覆蓋邊緣** 三種特效，其效果可以模擬出向量式影像的質感。

● **高斯模糊**：此指令提供較多的控制空間，讓使用者自由設定它的效果。在 **高斯模糊** 對話方塊中，可以設定柔化的 **半徑**，範圍可以訂在 0.1 至 250，半徑越大效果越強烈。

13-3-5　筆觸

　　筆觸 效果指令清單中，共有 8 種效果，可以用來製作繪圖的筆刷特效，執行指令時都會開啟對應的 **收藏館** 對話方塊，設定完相關的參數之後即可套用指定的效果。

原圖

● **交叉底紋**：在影像上產生左右 45 度的筆觸，除了減少色彩色階及細節外，也會在外緣加上框線。

● **噴灑**：效果與 **潑濺** 指令類似，但是可以調整 **筆觸長度、潑濺強度** 及 **筆觸方向**。

● **墨繪**：使整體畫面變暗，畫面由 45 度的斜線構成，暗部階調減少後會成為黑色。

● **強調邊緣**：這個指令會在色彩交界的地方產生線條，對於色彩及反差變化較大的影像效果較明顯。

● **油墨外框**：執行完畢後，畫面色彩會轉換為小色塊，並且描上黑邊。

● **潑濺**：製作潑墨畫的效果，可以設定 **潑濺強度** 及 **平滑度**。

● **角度筆觸**：模擬筆觸線條繪製的圖案，在對話方塊中可以設定左右線條的 **方位平衡**、**筆觸長度** 及 **銳利度**。

● **變暗筆觸**：使畫面看起來像似粗的畫筆所繪製的圖畫，僅保留中階及高階調，暗部完全由黑色取代。

13-3-6 紋理

紋理 效果共有 6 個製作紋路的指令，這些效果指令除了可以用來製作影像特效外，也可以在單色的底色上製作出底紋。執行指令時都會開啟對應的 **收藏館** 對話方塊，設定完相關的參數之後即可套用指定的效果。

原圖

● **嵌磚效果**：可以用來製作馬賽克，效果近似磁磚的拼貼。

● **彩繪玻璃**：效果類似教堂內彩色玻璃的拼貼圖案；可以設定 **儲存格大小**、**邊界粗細** 及 **光源強度**。

 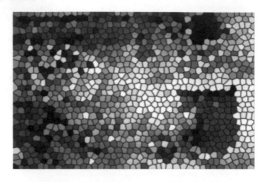

● **拼貼**：製作拼貼效果，製作的效果如同整齊的小磁磚所拼貼出來的圖案；可以設定 **方塊大小** 與 **浮雕** 深淺程度。

● **粒狀紋理**：它和 **增加雜訊** 指令相似，可以製作顆粒雜紋，但是提供更多的設定選項，除了可以設定 **強度**、**對比** 之外，還可以選擇不同的 **粒子類型**。

● **紋理化**：製作畫布或砂岩般的紋路，使影像如同繪製在有紋路的材質；可以設定紋路大小（縮放）、**浮雕** 深淺程度及 **光源** 的方向。

● **裂縫紋理**：製作類似畫面裂紋的效果，可以設定 **裂縫間距、裂縫深度** 及 **裂縫亮度**。

13-3-7 素描

　　素描 效果指令中，共有 **14** 種效果，可以用來製作類似素描等繪圖效果。執行指令時都會開啟對應的 **收藏館** 對話方塊，設定完相關的參數之後即可套用指定的效果，挑選要套用 **素描** 效果的圖片時，可以選擇色彩分明、輪廓清楚、明暗反差高的圖片，最後得到的效果會較好。

原圖

● **便條紙張效果**：影像會依前景色成為二種色塊組成的浮雕效果，由於細部紋理全部都會消失，較適合外形明顯的主題。可以設定 **影像平衡**、**粒子大小** 及 **浮雕** 深淺程度。

● **印章效果**：執行後會以「黑色」為依據變成單色影像，可以設定 **平滑度** 及 **亮度／暗度平衡**。

● **拓印**：效果類似印章或版畫的效果，影像上只會剩下灰階色彩的色塊，較適合輪廓明確的影像。

● **濕紙效果**：效果類似浸水的圖畫，部分細節仍然保留，而影像會有暈開的效果。

● **炭筆效果**：其筆觸較 **粉筆和炭筆** 粗，同時中間色調較少，可以製作出另一種不同的氣氛。

● **畫筆效果**：製作針筆畫的效果，可以設定 **筆觸長度、亮度 / 暗度平衡** 與 **筆觸方向**。

● **石膏效果**：效果類似石膏模的浮凸效果，可以設定 **影像平衡**（也就是凹凸的分界點）、**平滑度** 和 **光源** 的方向。

● **立體浮雕**：將影像的色彩抽離，並且加上浮雕的效果。可以設定細節的表現程度、**平滑度** 及 **光源** 的方向。

● **粉筆和炭筆**：模擬碳筆或粉筆的筆觸效果。

● **網屏圖樣**：可以在圖面上模擬印刷網紋。可以設定網目的 **尺寸** 與 **對比**，還可以選擇網目的 **圖樣類型**。

● **網狀效果**：製作網紋，整體的色彩階調會以網紋代替；可以設定網紋的 **濃度**，以及 **前景色階**、**背景色階**。

● **蠟筆紋理**：執行後會出現畫布的質感，配合 **前景色** 出現的效果類似手繪的素描圖片。可以設定 **前景色** 與 **背景色** 的強弱以及紋路。

● **邊緣撕裂**：效果類似撕紙拼貼的圖案，可以設定影像色彩區分的 **平衡點**、**平滑度** 及 **對比**。

● **鉻黃**：會將色彩抽離，效果類似金屬光澤，或是在金屬片上的倒影；設定過於強烈的話，會完全扭曲原有影像的內容。

13-3-8 藝術風濾鏡

藝術風 效果共有 15 種指令，可以用來模擬西洋畫的技法。執行指令時都會開啟對應的 **收藏館** 對話方塊，設定完相關的參數之後即可套用指定的特效。

原圖

● **乾性筆刷**：製作的效果是以小的色塊組成圖案，模擬乾筆繪畫的效果，可以設定 **筆刷大小**、**筆觸細緻度** 及原有 **紋理** 的保留程度。

● **塑膠覆膜**：製作塑膠覆蓋著物體的效果，可以設定 **亮部強度**、**細部** 及 **平滑度**。

● **塗抹沾污**：產生以污點色塊塗抹的繪圖效果，細節部分會消失。

● **塗抹繪畫**：製作的畫面有揉擦塗抹的效果，細節部分也會被模糊，同時反差也會提高。

● **壁畫**：製作的效果類似壁畫，暗部及亮部的層次會減少。

● **彩色鉛筆**：製作出來的效果類似彩色鉛筆繪圖，以左右 45 度方向的線條組成，線條間隙會出現底紙的色彩，這個顏色由 **工具** 面板中的 **填色** 決定，底色的亮度可由 **紙質亮度** 來設定。

● **挖剪圖案**：它可以用來模擬剪紙，或是由色塊繪製的圖案。可以設定**層級數**，數值越高保留的色階越多；**邊緣精確度** 數值越大，則交接的邊緣會較逼真。

● **水彩**：系統會模擬水性顏料的繪畫效果。

● **海報邊緣**：在影像輪廓的邊緣產生黑色的邊框，同時色階會減少。

● **海綿效果**：製作海綿擦塗的繪畫效果，可以設定 **筆刷大小**、**可見度** 及 **平滑度**。

● **粒狀影像**：可以製作以粗粒子底片拍攝的顆粒效果，可以設定 **粒狀**（粒子大小）、**亮部區域** 及 **強度**。

● **粗粉蠟筆**：製作粉蠟筆繪圖的效果，除了可以設定 **筆觸長度** 之外，還可以設定 **紋理** 及 **光源**。

● **著底色**：製作在磚牆或畫布等材質上繪畫，或在玻璃後面繪圖的效果，可以設定 **紋理**、**光源** 及 **紋理覆蓋範圍**…等參數。

● **調色刀**：製作刮刀繪圖的效果，執行後細節會因模糊化而消失。

● **霓虹光**：在邊緣的亮部產生霓虹的邊光，而整體影像的彩度會降低。在對話方塊中可以設定霓虹的 **光暈顏色**。

13-4 使用透視格點工具

在 Illustrator 中可以透過 **透視格點工具**  建立所需要的「透視規則」，再依據此規則直接在格點上繪製透視圖形，或將已經建立好的圖形加入到透視圖，如此即能快速建立具透視變形的圖形。

13-4-1 設定透視格點

使用 **透視格點** 建立與編輯透視物件，要先決定透視規則，您可以從透視預設集中選擇單點、兩點或三點透視規則，再依需求修改 **消失點的位置**、**格點儲存格大小**、**水平高度**…等相關屬性。

點選 **透視格點工具**  或執行 **檢視 > 透視格點 > 顯示透視格點** 指令，就會自動出現 **透視格點**。

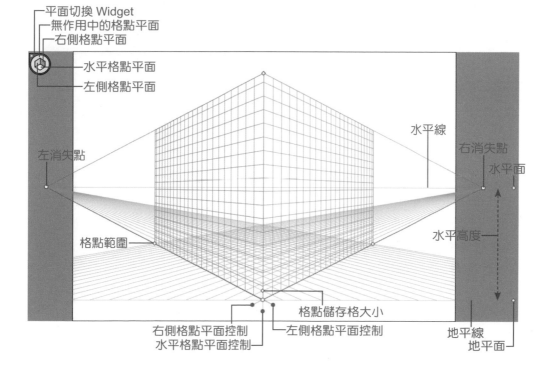

説明

執行 **檢視 > 透視格點 > 顯示尺標** 指令，就可以開啟 **透視格點尺標**。

接下來將透過範例，說明如何依據手繪草稿設定透視規則。

STEP 1 開啟書附範例之後，執行 **檢視 > 透視格點 > 兩點透視 >[兩點 - 一般檢視]** 指令。

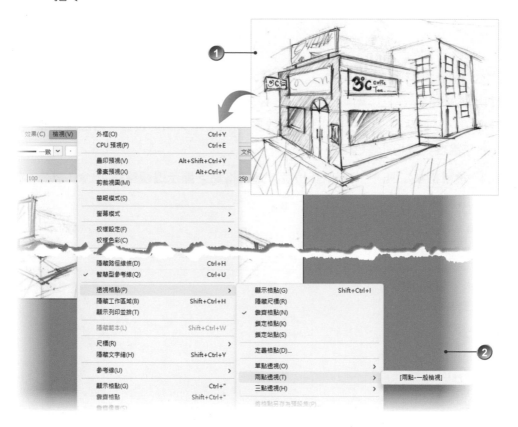

STEP 2 點選 **透視格點工具** ，以滑鼠拖曳 **地平面** 二側的任一控制點可移動整個 **透視格點**；再將二側格點平面與水平格點平面的交點，對齊草稿上相對應的位置，如下圖所示。

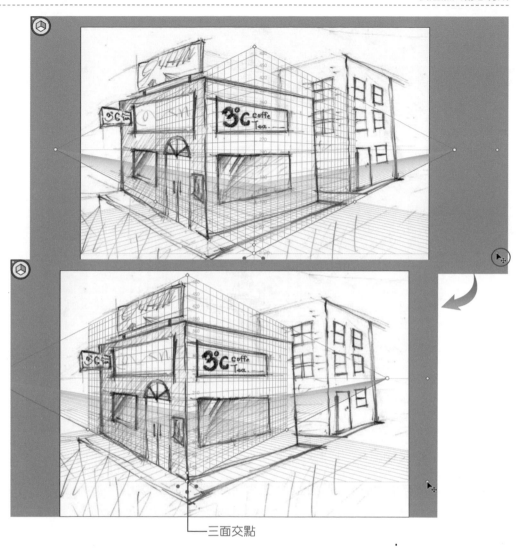

三面交點

STEP **3** 點選 **垂直格點範圍** 控制點，將其拖曳至符合草稿的建築物頂點位置。

STEP **4** 拖曳調整 **左消失點** 直到透視線接近草稿的透視，**右消失點** 也以同樣的方
式調整。

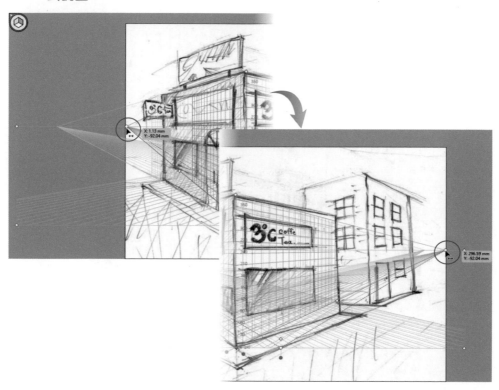

STEP **5** 點選 **水平線** 二側的任一控制點，上下拖曳調整至接近草稿的 **水平面**。

STEP **6** 點選 **格點儲存格大小** 控制點並上下拖曳，可調整格點的大小。

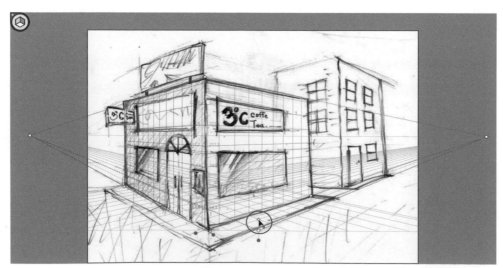

13-4-2 建立透視物件

　　繪製透視物件時必須先開啟 **透視格點**，接著就可以視使用習慣選擇下列三種方式建立透視物件：**直接繪製透視物件、將物件帶入透視平面、將物件附加至作用平面**。

直接繪製透視物件

STEP 1 開啟書附範例之後，若沒有出現 **透視格點**，請執行 **檢視 > 透視格點 > 顯示透視格點** 指令。

STEP 2 先點選 **透視選取工具** 📐，再於 **平面切換 Widget** 中點選 **右側格點平面**，或按數字 3 鍵。

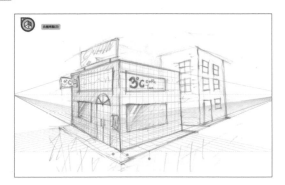

STEP 3 點選 **矩形工具** ▢，設定 **填色** 與 **筆畫** 顏色；此時滑鼠游標會呈現 ⊹ 狀態直接在透視格點上拖曳繪出矩形，同時會產生透視變形。

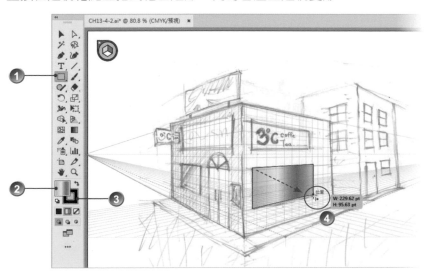

STEP 4 重複步驟 3，將 **右側格點平面** 的其他物件建立完成，物件彼此之間若有遮蓋的狀況，請適時透過 **圖層** 面板調整前後的排列順序。

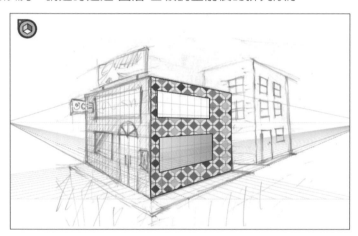

將物件帶入透視平面

如果已經有建立好的物件，想直接將其加入到作用中的平面，可以使用 **透視選取工具**。

STEP 1 先點選 **透視選取工具**，再選擇要帶入的透視平面。

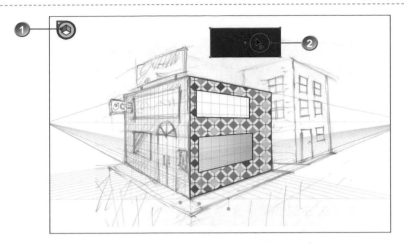

STEP **2** 拖曳一般物件至適當的位置，即可將該物件帶入透視平面中；然後再調整其大小。

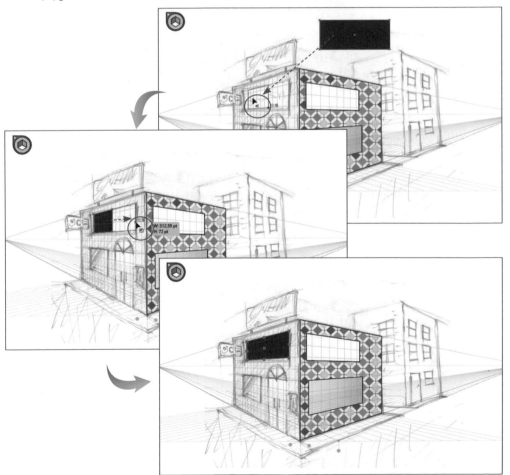

附加至作用中的平面

你也可以將一般物件加入透視的平面。加入透視平面後的物件會保持原來的形狀，此方式適合用於描繪不規則圖案。

> **説明** --
>
> 在顯示 **透視格點** 的狀況下，按數字 **4** 鍵可切換到一般平面，建立一般物件。

STEP **1** 使用 **鋼筆工具** 描繪門旁的紙張，完成繪製後，點選 **透視格點工具** 再按數字 **1** 鍵使 **左側格點平面** 為作用中。

STEP **2** 選取步驟 1 所繪的物件，執行 **物件 > 透視 > 附加至作用中的平面** 指令。

└─ 附加之後會出現透視選取框

加入文字

　　無法直接在透視平面中以建立文字框的方式輸入文字，必須先建立一般的文字再以 **透視選取工具** 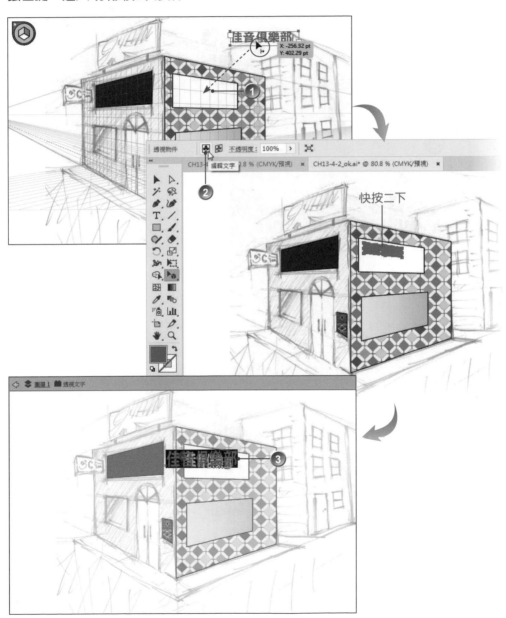 將文字框拖曳至作用中的平面。若要編輯「透視文字」，必須先選取文字之後，按 **控制** 面板上的 **編輯文件** 鈕，或在文字上快按二下滑鼠左鍵，進入 **分離模式** 修改。

13-4-3 編輯透視物件

在透視的空間中依然可以執行複製、變形與移動…等作業,而這些動作皆會依「透視規則」進行。

STEP **1** 開啟書附範例之後,點選 **透視選取工具** ,以滑鼠游標拖曳透視物件,同時按下數字鍵 **1** 、 **2** 、 **3** 讓物件變換透視平面,搭配 **Alt** 鍵操作可以複製物件。

STEP **2** 使用 **透視選取工具** 拖曳選取框上的控制點,可變形物件－調整物件的大小。你可以參考完成的範例,運用之前學習的工具進行物件編修或加上新物件。

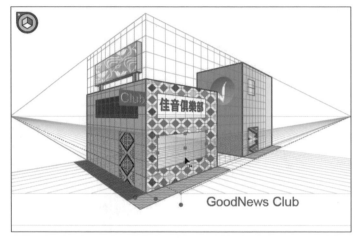

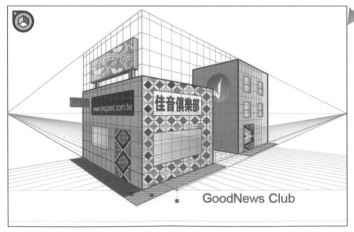

完成後的範例圖稿

14 完稿與印刷

- 影像分割
- 資料庫面板
- 輸出為網頁格式
- 執行列印工作

　　依循本書各章節的說明與操作進行到這裡，相信你已經熟悉 Illustrator 的各項功能，學習過程中加上自己的創意與巧思，想必可以設計出極佳的作品！這一章將說明如何分割完稿之後影像，以及如何輸出。

14-1 影像分割

　　如果要將圖稿輸出為網頁格式，建議先進行 **影像切片** 以利網路傳輸。切片完成之後，執行 **檔案 > 儲存為網頁及裝置用** 指令後，Illustrator 會自動將切片結果存放在指定位置的「影像」資料夾。

14-1-1 建立切片

　　在 Illustrator 建立圖稿切片的方式有下列幾種：

● 如果希望切片尺寸能符合圖稿中每一物件的邊框，需執行 **物件 > 切片 > 製作** 指令，完成之後若移動或修改元件則切片會自動調整。

● 如果進行切片時，不在意是否與圖稿相關，可以使用 **工具** 面板中的 **切片工具** ✎；也可以選擇要切片的物件之後，執行 **物件 > 切片 > 從選取範圍建立** 或 **從參考線建立** 指令。

直接製作

STEP **1** 選取畫板要進行切片的一個或多個物件。

STEP 2 執行 **物件 > 切片 > 製作** 指令,即可輕鬆完成影像的切片工作。

切片編號標籤

系統會自動規劃出切片的區域

🔖 **説明**

如果要將整個工作區域中的影像建立切片,請記得不要把工作區域中的物件全部群組在一起,否則只能建立單一切片範圍。

從選取範圍建立

STEP 1 點選圖稿中的一個或多個物件。

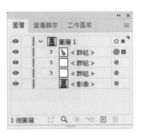

被選取的物件

STEP 2 執行 **物件 > 切片 > 從選取範圍建立** 指令,即會依所選取的物件為中心建立切片。

依選取範圍建立切片

STEP 3 如果希望建立切片之後,邊界能夠貼齊整個工作區域,請再執行 **物件 > 切片 > 剪裁至工作區域** 指令。

切片範圍已貼齊工作區域

以參考線為依據建立

STEP 1 在圖稿上方先建立要用來作為切片依據的 **參考線**。

STEP 2 執行 **物件 > 切片 > 從參考線建立** 指令，即會依據所定義的 **參考線** 中分出切片的區域。

畫板上方已建立了數條參考線

使用切片工具

STEP 1 點選 **工具** 面板中的 **切片工具** 。

STEP 2 使用滑鼠在要建立切片的區域上方拖曳出方框，然後鬆開滑鼠按鍵。

此圖示為手動建立的切片

此圖示為自動產生的切片

14-1-2 編輯切片

如果要編輯指定的切片,可以使用 **切片選取範圍 工具** 選取;但是,無法選取透過指令或自動產生 的切片。

移除切片

如果要刪除切片,最快的方法是使用 **切片選取範圍工具** ,按住 Shift 鍵可同時選取多個切片區域,然後按 Del 鍵。

本例是選取 2、5 號切片區域

切片已刪除並與其前後 的切片合併為單一區域

> **說明**
>
> - 使用 **物件 > 切片 > 製作** 指令所建立的切片,必須以執行 **物件 > 切片 > 釋放** 指令的方式刪除切片。
> - 自動產生的切片區域及被刪除的切片區域,都無法使用 **切片選取範圍工具** 編輯。
> - 新增或刪除切片區域時,切片編號都會自動變更。

分割切片

STEP **1** 使用 **切片選取範圍工具** 選取手動建立的切片，執行 **物件 > 切片 > 分割切片** 指令。

STEP **2** 開啟 **分割切片** 對話方塊，輸入 **水平分割為 N 個縱向切片**、**垂直分割為 N 個橫向切片**，按【確定】鈕。

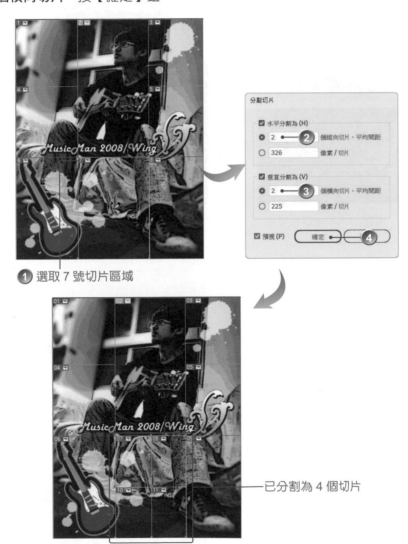

① 選取 7 號切片區域

已分割為 4 個切片

結合切片

STEP **1** 使用 **切片選取範圍工具** 並搭配 Shift 鍵，選取想要結合的切片。

STEP **2** 執行 **物件 > 切片 > 結合切片** 指令。

選取 7、8 號切片區域　　　　　　已將選取的切片結合成單一切片

調整切片區域大小

STEP **1** 使用 **切片選取範圍工具** 點選需要調整的切片區域。

STEP **2** 拖曳區域外框即可完成調整。

區域大小改變後，編號隨之改變

14-2 資料庫面板

　　設計專案的過程中，一定會有自己慣用、喜歡的 **顏色**，**文字樣式** 或 **圖形元素**（logo…等），如果要在不同的電腦或載具中使用相同的物件，可以將這些元件收集在 **資料庫** 面板，系統會將其同步到 **Creative Cloud**，你只要使用自己的 **Adobe ID** 登入，無論身在何方只要連線上網就能隨時取用。

STEP 1 執行 **視窗 > 資料庫** 指令，或按工作區域右側面板群組中的 **資料庫** 鈕，即能開啟 **資料庫** 面板。

STEP 2 **資料庫** 面板開啟之後，預設會顯示 **您的資料庫** 與 **Stock 範本**，其中 **STOCK 範本** 會儲存你已經下載使用的範本檔案。

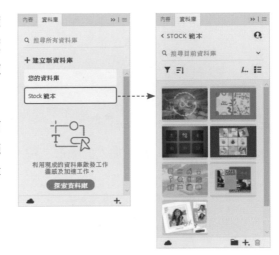

STEP 3 請先切換到 **您的資料庫**，然後使用 **選取工具** 點選要加入到 **資料庫** 的物件，按住滑鼠左鍵拖曳到面板後鬆開；或直接按面板上的 **新增元素** 鈕。

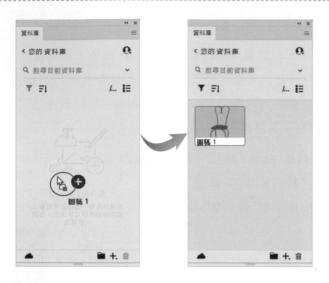

STEP **4** 為了方便辨識，請在加入的圖形上按一下滑鼠右鍵，執行 **重新命名** 指令
將其更名。

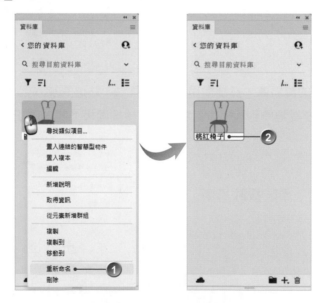

STEP 5 選取喜愛的文字樣式之後，按 **資料庫** 面板上的 **新增元素** ➕ 鈕，執行清單中的 **文字** 指令即可將其加入到 **資料庫**。

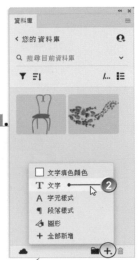

No beauty is like the beauty of mind.
心靈之美，最美。

STEP 6 如果圖稿中有你喜歡的 **符號**、**填色顏色** 或 **線條顏色**，也可以選取之後將其加到 **資料庫** 中，這樣可以提高工作效率。

STEP 7 按下 **面板選單** ☰ 鈕可以 **建立新料庫**，或將此資料庫與指定的人員共用；如果執行選單中的 **在網站上檢視** 指令，則會開啟 Adobe Creative Cloud 網頁，在 **您的資產 > 您的資料庫** 頁面中，可以看到 **資料庫** 內的元素已經同步更新並顯示。

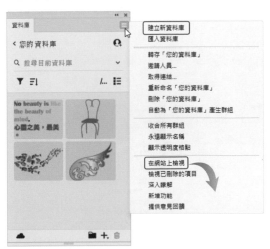

刪除選取的元素

顯示資料庫是否已線上同步為最新版本

14-3 輸出為網頁格式

如果所建立或編修的圖稿是作為網頁用途，在完成影像切片工作之後，執行儲存檔案時，請執行 **檔案 > 轉存 > 儲存為網頁用** 指令。透過這個指令，可以在儲存檔案之前進行檔案的 **最佳化** 作業，目地是為了便於網路傳輸與節省讀者下載瀏覽的時間。

STEP **1** 先開啟已經切片妥當的圖稿，然後執行 **檔案 > 轉存 > 儲存為網頁用 (舊版)** 指令。

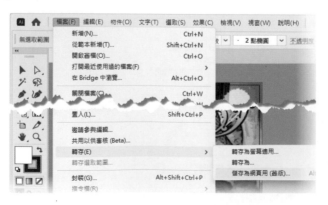

STEP **2** 出現 **儲存為網頁用** 對話方塊，預設值會顯示 **最佳化** 標籤的相關屬性設定與內容，圖片的檔案格式為 **JPEG**。

STEP **3** **儲存為網頁用** 對話方塊的右側，可以選擇圖片的輸出類型，例如：**GIF**、**JPEG**…等，同時可以做 **最佳化** 的品質設定或設定 **影像尺寸**；**轉存** 選項請選擇 **全部切片**，完成所有設定之後按【儲存】鈕。

工具箱　　　　　　　預覽影像　　　　　　　　　　　　　最佳化選單

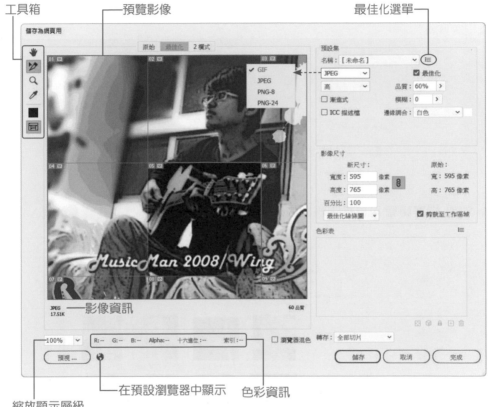

縮放顯示層級　　　在預設瀏覽器中顯示　　色彩資訊

STEP **4** 出現 **另存最佳化檔案** 對話方話，在 **儲存於** 及列示清單中，指定檔案的存放路徑、輸入 **檔案名稱**，按【存檔】鈕。

STEP **5** 檔案名稱若為中文或其他編碼，在瀏覽器中可能會產生無法連結的情況（建議你將用於網路上的檔案名稱設定為英文或數字的拉丁字元）；當系統出現如下圖所示的警告對話方塊時，按【確定】鈕即可完成儲存。

STEP **6** 透過 **檔案總管** 可以檢視輸出的結果。

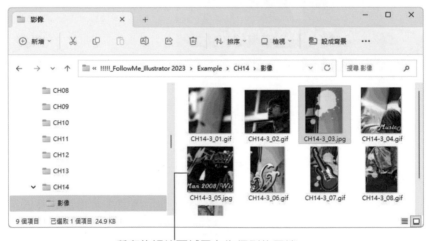

所有的切片區域已存為個別的圖檔

14-4 執行列印工作

本書最後一節所要說明的是關於圖稿的列印。當你完成圖稿的設計且已將其儲存之後,便可進行印刷前的輸出校對或直接列印。噴墨或雷射印表機是目前最普遍的電腦周邊產品,其設定非常簡單,列印品質也不遜於相館沖洗的照片。此外,目前的事務機種還包含:掃描、影印、傳真、讀卡…等附加功能,對於使用者來說真的是既方便又節省坐位空間。

● 執行 **檔案 > 列印** 指令,即開啟 **列印** 對話方塊,裡面提供多個列印參數的設定,完成後請按【列印】鈕。

檔案若有多個工作區域,在此可以選擇要列印的版面

● 設定 **標記與出血**。**出血** 就是在工作區域且於畫板頁面邊緣之外的部分,當你在畫板外圍加上色塊、圖片、外框圖案時,可以用出血來確定影像在被列印、設定裁切過後,不會在印刷品上留下白邊。

說明

出血 的設定值會採取圖稿原先的設定，如果要手動調整，請先取消勾選 □ 使用 文件出血設定 核取方塊，然後一一設定 上、下、左、右 的數值。

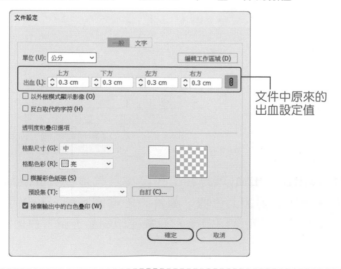

文件中原來的
出血設定值